◉ 土木・環境工学 ◉
EKO-12

コンクリート構造の基礎
[改訂第2版]

二羽淳一郎

数理工学社

編者のことば

このライブラリは東京工業大学工学部の土木・環境工学科および大学院の土木工学専攻で行われている講義をベースとして作られた教科書および副読本の集成です．土木工学分野の最先端の講義がこのライブラリに込められていると自負しています．講義には，例えば100年たっても変らないものあるいは変えることのできないものと，10年たてば陳腐化するものとがあります．それらを見極めながらカリキュラムを構成していることに我々は誇りを持っています．

土木工学は中国での土を築き木を構えて「築土構木」を語源としています．また，英語では「Civil Engineering」と呼ばれ，Civilは文明を意味するCivilizationと同系統の言葉です．欧米でのCivil Engineeringと日本での土木工学とは内容的に一致するものではありませんが，いずれも社会生活の基盤を担う，文明の進化を支える分野であり，工学の原点とも言えます．土木工学は時代の進歩からは取り残された古い学問分野と誤解されがちですが，これほど長い期間，最先端であり続けている工学分野はほかにはないと言えます．時代とともに土木工学の内容については変化し続けています．例えば開発や建設といった行為が土木工学の中心を占めていた時代から，最近では持続的な社会基盤の形成が中心的な流れといえます．

最近，多くの大学の土木工学科はその名称を変えています．学科名称で「土木」を探すのが難しいほどです．しかし，今まで「土木工学」が担ってきた分野はこれからも重要であり，もちろんのことですが高度技術者研究者の養成は継続的に強く求められ，活躍する場はますます広がっています．東京工業大学では学科名称を土木・環境工学科と変えましたが，これは最近の土木工学の広がりと今後強化すべき分野を見据えての決定であり，このライブラリにもそれが反映されたものになります．従来からの土木工学と環境工学とを縦糸と横糸あるいはマトリックスでの行と列のように考えて今後の教育研究分野を体系付けています．すなわち，インフラ整備と環境負荷，自然環境と人間環境との共生，環境の再生と創成，といった概念を横糸として組み込むことにより，まさに今なにが求められているのかがはっきりと浮かび上がってきます.

例えば，小職の専門とする構造分野においては，今までほとんど話題にされなかった既設構造物の延命化などは，建設廃材を出さないことと新規に材料の使用をミニマムにすることから環境面からきわめて重要であり，そのための健全性，機能性の評価とそれらを向上させる技術などは今後の重要課題になってきます．その技術の重要性は例えば首都圏の高速道路を取替えのために通行止めする際の社会的経済的な影響を考えればさらに際立ってくるでしょう．また，土木構造物に期待される寿命は100年以上であり，想定寿命が5年10年のいわゆる消費財的な機器類とは設計思想が根本的に異なることを強く認識しなければなりません.

このライブラリは，従来の伝統的なテキストに加え，今までになかった今日的テーマをも盛り込んでいきます．それはこの分野が進化し続けていることを示しています．ご期待ください.

2005年12月

編者　三木千壽

ライブラリ「土木・環境工学」書目一覧

第1部		第2部	
1	流体力学	A-1	水文・河川工学
2	水理学	A-2	海岸・海洋工学
3	生態環境学	A-3	土質基礎工学
4	土質力学	A-4	地盤工学
5	応用地質学	A-5	土木計画
6	計画数理	A-6	交通計画
7	材料と部材の力学	A-7	都市計画
8	固体力学	A-8	失敗に学ぶ橋梁工学
9	構造力学	A-9	非破壊検査
10	構造力学演習	別巻	現代の橋梁工学
11	コンクリート工学		—塗装しない鋼と橋の技術最前線—
12	コンクリート構造の基礎［改訂第2版］		

(A: Advanced)

第2版まえがき

本書『コンクリート構造の基礎』の初版が刊行されたのは，2006 年 2 月である．以来，約 12 年間が経過した．この間，多くの方々に購読していただいたことに，まず感謝申し上げたい．今回，全体を見直して，内容を改めるとともに新しいトピックスも追加して，改訂第 2 版として刊行することとなった．ただし，大学等における 1 セメスター 15 回の講義に適合するように，内容は基礎的な事項を中心として，それ以外の多くの項目を省略したのは，初版と同様である．

学習目標は，初版と同じく，次の 3 点である．

(1) 曲げを受けるコンクリート棒部材のひび割れ発生荷重，降伏荷重，ならびに曲げ耐力を計算できること．
(2) せん断力を受けるコンクリート棒部材のせん断耐力を計算できること．
(3) 曲げを受けるコンクリート棒部材の曲げひび割れ幅の評価方法を理解できること．

これは不変である．なお，やや応用的な内容になるが，著者の研究室でも研究に取り組んでいる繊維補強コンクリートと，実用性の観点からコンクリート構造の典型例であるプレストレストコンクリートを新しく取り上げ，その基礎的な部分を紹介することにした．これが今回の改訂における新しい部分である．

内容は少し見直すことにしたが，初版同様，演習問題も加えてあるので，内容の理解に役立てていただきたい．

さて，安全・安心な国民生活のために，日夜役立っていると自負しているコンクリートやコンクリート構造物であるが，悪しざまに存在意義が否定された不幸な一時期があった．しかし結局，このような批判は長続きしなかった．それはわれわれを取り巻く社会インフラの多くがコンクリートで作られていることを見れば，そのような批判が的外れであることは誰にでも理解できるからである．交通施設，エネルギー施設，防災施設，ライフライン等々，様々なコンクリートやコンクリート構造物が存在しているが，これらと全く無関係に生きている国民は一人もいないはずである．そのようないい加減な批判に影響されることなく，安全・安心な社会インフラを通して，国民の生活をより快適に，より向上させていくため，コンクリート構造を勉強していただきたいと思う．そして，これを通して，社会に貢献していただきたいと強く願っている．

2018年1月

二羽　淳一郎

初版まえがき

本書は，大学学部の「コンクリート構造」の教科書として利用されることを意図している．筆者はこれまでいくつかの大学でコンクリート構造の講義を行ってきた．その中には，「鉄筋コンクリート工学」という講義名もあった．それらの講義の際には，特に教科書を指定することはなく，参考書として，いくつかの著名なテキストを例示してきた．そして，講義にあたっては自分専用の講義ノートを準備し，使用してきた．最近では，これをPowerPoint化して利用している．

では何故，「コンクリート構造の基礎」と題する教科書を書くのかということになるが，それは土木工学のカリキュラムの中でコンクリート構造を勉強している学生諸君に，最低限これだけのことは理解してほしいと思うからである．高級で専門的なテキストは今までにも数多く出版されているが，学部レベルで，基礎のところをわかりやすく説明したものは少なかったように思う．これはページ数を多くできない日本の出版事情にもよると思うが，一冊の本の中にあまりにも多くの内容を詰め込みすぎたためでもある．本書はこれとは逆に多くの項目を省略し，コンクリート構造の基礎をわかりやすく解説することを目ざした．

最近は講義の目標を最初に明示し，受講する学生に対して，その目標達成を求めるというやり方が一般化しつつある．本書では，以下の 3 点を最低限の目標とする．

(1) 曲げを受けるコンクリート棒部材のひび割れ発生荷重，降伏荷重，曲げ耐力を計算できること．
(2) せん断力を受けるコンクリート棒部材のせん断耐力を計算できること．
(3) 曲げを受けるコンクリート棒部材の曲げひび割れ幅の評価方法を理解できること．

実にシンプルである．しかし，上記の目標を達成するには演習が必要である．したがって，本書の中にはいくつかの例題を示した．また，試験問題の例として演習問題も示した．これらを存分に活用して，目標達成のために努力してもらいたい．コンクリート構造の基礎についての理解が深まれば，コンクリート構造が得意科目になってくるはずである．できるだけ多くの諸君に，コンクリート構造を得意科目としてもらいたい．そして，さらに自発的な次のステップの勉強に進んでもらいたい．本書がそのためのきっかけとなれば幸いである．

2005 年 11 月

二羽　淳一郎

目　次

第 4 章

第 5 章

第 6 章

本書で使用する記号

記　号	意　味
a	せん断スパン
A_c	コンクリートの断面積
A_e	かぶりコンクリートの有効断面積
A_g	柱の総断面積
A_n	らせん鉄筋が取り囲む面積
A_s, A_s'	鉄筋の断面積，圧縮鉄筋の断面積
A_{sp}	らせん鉄筋の断面積
A_{spe}	らせん鉄筋の体積と等しい体積の仮想軸方向鉄筋の断面積
A_{st}	軸方向鉄筋の断面積
A_w	スターラップ 1 組の断面積
b	幅
c	かぶり
c_s	鋼材の中心間隔
C'	コンクリートの圧縮合力，曲げ圧縮力
C_c'	コンクリートが受け持つ圧縮力
C_m	柱両端でそれぞれ作用モーメントが異なることを考慮する係数
C_s'	圧縮鉄筋が受け持つ圧縮力
d	変位，有効高さ
d_{sp}	らせん鉄筋が取り巻く円の半径
e	偏心量
e_s	鉄筋の純間隔
E_c, E_s	コンクリートのヤング係数，鉄筋のヤング係数
f_b	コンクリートの曲げ強度
f_c'	コンクリートの圧縮強度
f_{c3}'	コンクリートの 3 軸圧縮強度
f_t	コンクリートの引張強度
f_{py}	らせん鉄筋の降伏強度
f_y, f_y'	降伏強度，圧縮降伏強度
f_{wy}	スターラップの降伏強度
G_c	せん断剛性
h	高さ
I	断面 2 次モーメント

記　号	意　味
k	鋼材の付着特性を考慮する係数
k_1	付着特性を表す係数
k_2	付着特性と応力分布に関する係数
k_3	付着特性等に関する係数
k_4	付着特性と付着応力に関する係数
l	（スパンの）長さ，ひび割れ間隔
l_c	柱の有効長さ（= 弾性座屈長）
l_{st}	ひび割れの発生が安定するひび割れ間隔
m	$= f_c'/f_t$
M	（作用する）曲げモーメント
M_{cr}	コンクリートのひび割れ発生モーメント
M_u	（曲げ）破壊モーメント
M_y	降伏モーメント
n	切断面を横切るスターラップの本数，ヤング係数比（$= E_s/E_c$）
N, N'	軸力，軸圧縮力
N_u'	軸方向耐力
p_e	鉄筋とコンクリートの有効断面積 A_e の比
P_u	断面が破壊する際の荷重
p_w	鉄筋比
P	荷重
P_{cr}	オイラーの弾性座屈荷重
r	回転半径
s	スターラップの軸方向ピッチ
T	鉄筋の引張力
T_y	引張鉄筋の降伏抵抗力（$= A_s f_y$）
U	鉄筋の周長
v_c	斜め引張破壊時の公称せん断強度
V	せん断力
V_c	修正トラス理論の補正項
V_D	軸方向鉄筋のダウエル作用
V_I	せん断ひび割れ面に沿った骨材のかみ合わせ抵抗
V_s	せん断補強筋の貢献分（$= A_w \sigma_w (z/s)$）
V_{sy}	$= A_w f_{wy} (z/s)$
V_y	スターラップ降伏に対応する抵抗力

記 号	意 味
V_u	せん断耐力
V_U	ひび割れていない曲げ圧縮部のコンクリート部分の直接的なせん断抵抗
w	ひび割れ幅
w_a	許容ひび割れ幅
x	断面の圧縮縁から中立軸までの距離
x_g	圧縮合力の作用位置
y	中立軸からの距離
z	応力中心間距離
α	スターラップの傾斜角
$\varDelta$	たわみ
$\varepsilon_c{}'$	コンクリートの圧縮ひずみ
$\overline{\varepsilon_c}$	ひび割れ間のコンクリートの平均引張ひずみ
$\overline{\varepsilon_{ce}}$	作用引張力によるコンクリートの平均引張ひずみ
$\varepsilon_{cs}{}'$	乾燥収縮・クリープによる圧縮ひずみ
$\varepsilon_{cu}{}'$	コンクリートの終局ひずみ
ε_s, $\overline{\varepsilon_s}$	鉄筋ひずみ，ひび割れ間の鉄筋の平均引張ひずみ
$\varepsilon_y, \varepsilon_y{}'$	鉄筋の降伏ひずみ，鉄筋の圧縮降伏ひずみ
θ	たわみ角，せん断ひび割れの傾斜角
λ	細長比
σ	曲げ応力，直応力
σ_1, σ_2	主引張応力，主圧縮応力
$\sigma_c{}'$	コンクリートの圧縮応力
$\overline{\sigma_{ct}}$	ひび割れ間の中央断面におけるコンクリートの平均引張応力
$\sigma_p{}'$	らせん鉄筋が降伏した後に，コンクリートに作用する側圧
σ_s	鉄筋応力，ひび割れ位置での鉄筋応力
σ_{se}	外力による鋼材の引張応力
$\overline{\sigma_t}$	ひび割れ間のコンクリートの平均引張応力
σ_x, σ_y	水平方向の直応力，垂直方向の直応力
σ_w	スターラップの応力
τ	せん断応力
τ_b, $\overline{\tau_b}$	隣接するひび割れ間の付着応力，隣接するひび割れ間の平均付着応力
$\overline{\tau_{b\cdot\max}}$	最大平均付着応力
ϕ	曲率，耐力低減係数，鋼材径
ϕ_u	破壊時の断面の曲率

第1章

コンクリート構造の基本3条件

コンクリート構造における基本的な3条件とは何かを説明する．基本3条件を常に考慮する理論的な手法と，3条件に代えて，一部経験的で実験的な仮定を設ける手法があることを知っておく．またこの違いを理解する．この他，いくつかのコンクリート構造の種類とその違いを理解する．

1.1　3つの基本的条件

コンクリート構造の諸問題を扱う上で必要となる基本的条件は以下の3つである．これはコンクリート構造に限ったことではなく，およそ構造の問題であれば，必ず考慮しなければならない条件である．

(1)　**力の釣合条件**：equilibrium condition
(2)　**材料の応力–ひずみ関係（構成則）**：stress-strain relationship
(3)　**変形の適合条件**：compatibility condition

これらの3条件のうち，(1) 力の釣合条件を無視することはあり得ない．これは常に考慮しなければならない．

次に，(2) 材料の応力–ひずみ関係であるが，これは**構成則**（constitutive equations）と呼ばれることもある．コンクリート構造の場合は，材料はコンクリート，ならびに鉄筋などの鋼材である．このうち鉄筋については，一般に1次元の**完全弾塑性体**にモデル化して取り扱うことが多い．鉄筋のひずみが極端に大きくなると降伏後であっても応力が増加する，いわゆる「**ひずみ硬化**」現象が知られているが，単体の鉄筋とは異なって，コンクリート中に配置された鉄筋の場合は，構造体の破壊時に鉄筋がひずみ硬化域に達するのはまれであるので，一般には完全弾塑性の仮定が用いられている．

コンクリートの応力–ひずみ関係は，ひずみレベルに応じて変化する．また圧縮と引張でも変化する．材料の応力–ひずみ関係が一定ではなく，ひずみの大きさによって変化することを**材料非線形**という．コンクリートは極端な材料非線形材料であり，この点が鋼などの金属材料と大きく異なる点である．具体的な材料非線形性については，2章以降で説明する．

コンクリート構造の解析においては，(1) と (2) の条件は必ず考慮しなければならない．問題は (3) の変形の適合条件である．これは簡単にいえば，解析において構造部材の変形と断面内のひずみ分布の関係を明確に関連付けて考慮しているかどうかということである．2章以降で詳しく説明するが，コンクリート構造の中で，曲げの問題を取り扱う場合はこの変形の適合条件が考慮されている．しかし，せん断の問題では，一般にこれは考慮されていない．

3条件をすべて考慮する解析手法は，理論的解析（法）と呼ばれる．これに対して，3条件を完全には考慮しない手法は，経験的または実験的解析（法）と呼ばれる．曲げの問題で用いられる「**平面保持の仮定**」は，変形の適合条件であり，したがって，曲げの解析は理論的解析である．一方，修正トラス理論をはじめとして，せん断問題の解析では，明確な変形の適合条件は考慮されておらず，したがって，経験的な解析手法に留まっている．コンクリート構造の分野では，このような経験的な分野も残っているが，それ故に，逆に今後の研究の発展が期待されている．

ワンポイント用語解説

非線形解析：コンクリート構造の場合は，材料非線形が中心である．つまり，ひび割れ発生以後，コンクリートの引張ひずみと引張応力は比例することなく，非線形の関係になる．また，弾性限界を超える圧縮応力を受けたコンクリートの圧縮ひずみと圧縮応力も比例することはなく，非線形の関係となる．これらの非線形関係を考慮する解析法が非線形解析である．鋼構造の場合は，材料非線形ではなく，幾何非線形が中心となる．

1.2　コンクリート構造の種類

コンクリート構造は，補強の種類や有無によって，**鉄筋コンクリート**（reinforced concrete: RC），**プレストレストコンクリート**（prestressed concrete: PC），**無筋コンクリート**（plain concrete）に分けられるが，最近ではこれらを総称して structural concrete と呼ぶこともある．この他，工場などであらかじめ製作される**プレキャストコンクリート**（precast concrete）もある．これらはおおよそ以下のように区別されている．

（1）無筋コンクリート

規模が小さくて，構造的にあまり重要ではなく，鋼材によって補強されていないコンクリート．

例1　ブロック，縁石など．□

あるいは逆に非常に巨大で補強材の量が相対的に少ないコンクリート．

例2　ダム，長大橋のアンカレージや橋台など．□

（2）鉄筋コンクリート

いわゆる普通の鉄筋によって補強されたコンクリート構造．

例3　はり，柱，壁，スラブなど．□

（3）プレストレストコンクリート（写真1.1）

ひび割れ制御，自重軽減等の目的で，高強度の鋼材を用いてプレストレスが導入されたコンクリート構造．

例4　長大スパンのコンクリート橋梁（りょう），タンクなど．□

（4）プレキャストコンクリート（写真1.2）

工場や専用のヤード[1]であらかじめ製作されたコンクリート．これを架設現場に運搬，接合して，コンクリート構造物を完成させる．

本書ではこのうち，主に鉄筋コンクリートを対象とする．

これらの他，コンクリート中に短い鋼繊維や合成繊維を付加した**繊維補強コンクリート**（fiber reinforced concrete）も，最近注目を浴びている．

---

[1] コンクリート構造物の架設場所の付近に設けられた製作用のスペースのこと．

写真 1.1　プレストレストコンクリート斜張橋：呼子大橋
（写真提供：（株）エスイー）

呼子大橋は佐賀県唐津市と加部島を結ぶ 3 径間連続 PC 斜張橋．橋長 494 m，中央スパン 250 m で，1989 年の竣工当時，わが国最長であった．本橋はわが国における長大 PC 斜張橋のはじまりを告げるものであった．

(a) シールドトンネル用セグメント

(b) 大型ボックスカルバート

写真 1.2　プレキャストコンクリート製品
（写真提供：ジオスター（株））

第2章

曲げを受けるRC部材の挙動

コンクリート構造における最も基本的な外力として曲げを取り上げ，全体的な挙動を理解する．続いて，

(1) コンクリートに曲げひび割れが発生するまで
(2) 曲げひび割れ発生から鉄筋の降伏まで
(3) 終局状態

に区分して，それぞれの挙動を理解する．以上は，コンクリート構造の問題として最も基礎的な部分であり，十分に理解しておく必要がある．

2.1　全体的な挙動

コンクリート構造物を形作る最も基本的な構造部材である「**はり**（beam）」を対象に，全体的な力学挙動を説明する（図2.1）．

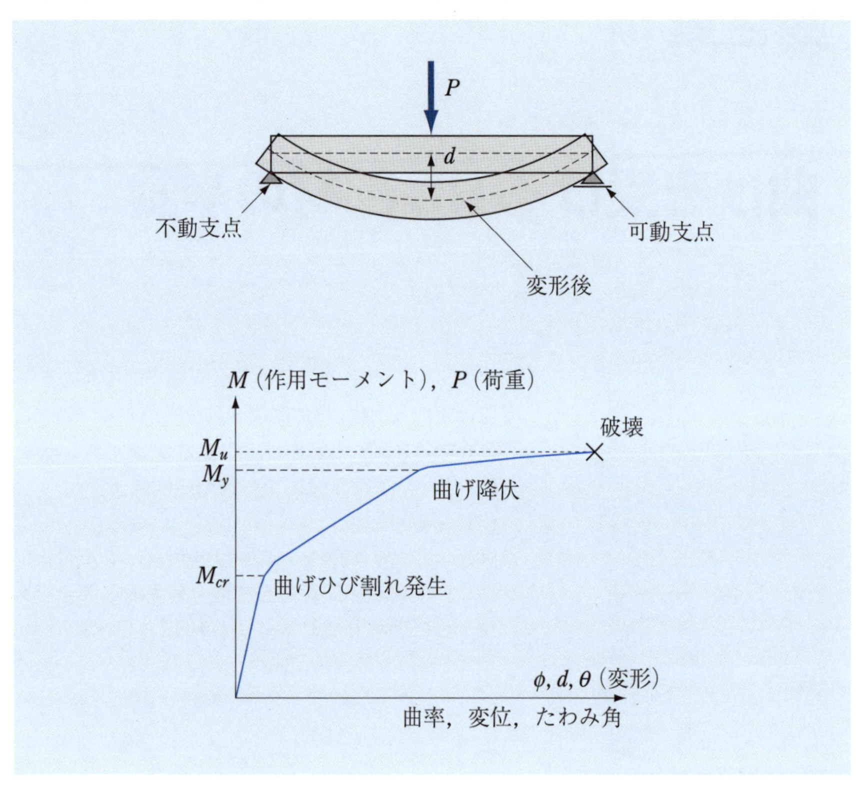

図2.1　曲げを受けるはりと全体的な挙動の模式図

ワンポイント用語解説

可動支点と不動支点：はりの支点が水平方向に移動できる場合は可動支点と呼ばれ，▲の下に水平な線を追加して示す．一方，水平方向の移動が拘束されている場合は，▲のみで示す．なお，いずれも垂直方向の移動は拘束されている．ただし，回転は自由である．

単純支持された鉄筋コンクリートはりがスパン（支点間の距離，支間ともいう）の中央に荷重 P を受ける場合を考える．P が増加し，作用する曲げモーメント M が増加していくと，曲げモーメントが最大となるスパン中央のはり下縁に曲げひび割れが発生する．曲げひび割れが発生するまでは，鉄筋コンクリートは弾性体と考えてよい．したがって，曲げひび割れ発生までは，荷重とたわみ，曲げモーメントと曲率などの関係は線形となる．

曲げひび割れが発生すると，コンクリートが負担していた曲げ引張力に対する抵抗力は，その部分に配置されているコンクリート断面と交差する鉄筋によって負担される．もし鉄筋が配置されていなければ，そのまま破壊に至る．しかし，鉄筋コンクリート部材であれば，最低でも曲げひび割れ発生荷重を上回る抵抗力が，通常の場合は付与されているので，さらに荷重や曲げモーメントの増加に抵抗する．曲げモーメントの増加とともに，配置されている鉄筋の引張応力が増加し，ついには鉄筋が降伏に至る．

鉄筋の降伏後は，部材としての抵抗力は多少は増加するものの，あまり大きくは増加しなくなる．最終的に，曲げモーメントが最大の，スパン中央のはり上縁部でコンクリートが圧縮破壊して，部材全体の破壊に至る．以上が，曲げを受ける鉄筋コンクリートはり部材の全体的な挙動である．

ワンポイント用語解説

曲げモーメント：単純支持されたはりが集中荷重を受けている場合，曲げモーメントはせん断力（=支点反力）と支点からの距離の積で求められる．したがって，図 2.1 に示すようにスパン中央に集中荷重を受ける場合，曲げモーメントの最大値は $(Pl)/4$ となる．ただし，P は集中荷重，l はスパン長さである．

曲率：曲げモーメントが作用すると断面には軸方向に圧縮と引張のひずみ分布が生じる．ただし，一般的には平面保持の仮定が適用できるので，断面のひずみ分布は直線的に変化する．このひずみ分布の傾きを曲率という．したがって，断面の圧縮縁のひずみ $\varepsilon_c{}'$ を圧縮縁から中立軸までの距離 x で割れば，曲率 ϕ が求められる．

2.2 曲げひび割れ発生まで

各段階の挙動について，順に詳しく説明する．

曲げひび割れ発生前はコンクリートも弾性体と考えてよい．図2.2に示すように，幅b，高さhの矩形断面の場合，曲げ応力σは弾性理論にしたがって式(2.1)のように求めることができる．ただし，ここでは断面に配置されている鉄筋の影響を無視している．それは通常の鉄筋コンクリート断面の場合，配置される鉄筋の量は断面積の1%程度であって，相対的に少ないためである．また，鉄筋を無視する方が計算が容易であるからである．以上の理由から一般に，曲げひび割れ発生荷重の計算において，鉄筋の影響は無視してよい．

$$\sigma = \frac{M}{I}y \tag{2.1}$$

ここで，

$I = \dfrac{bh^3}{12}$：断面2次モーメント

b：はりの幅

h：はりの高さ

M：作用する曲げモーメント

y：はりの中立軸からの距離

である．

yを鉛直下向きにとると，曲げ引張応力の大きさが求まる．曲げ引張応力ははりの引張縁すなわち$y = h/2$の位置で最大となる．荷重が増加し，はりに作

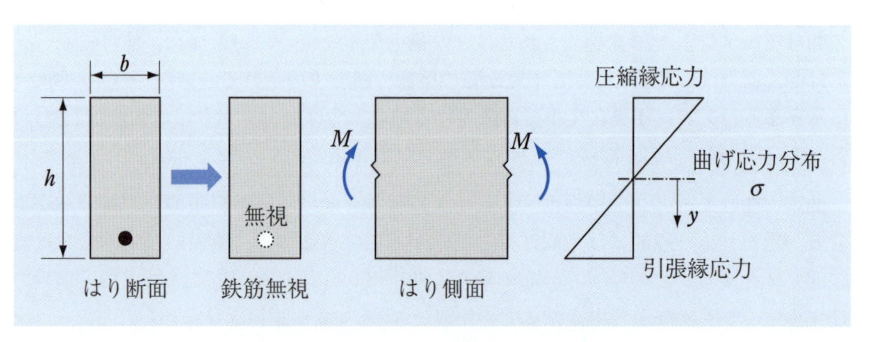

図2.2　曲げひび割れ発生前の応力状態

用する曲げモーメント M が増加していくと，曲げ引張応力も増加していく．そして，はりの引張縁の曲げ引張応力 σ が，コンクリートの曲げ強度 f_b に達すると，コンクリートはりに曲げひび割れが発生する．したがって，曲げひび割れ発生モーメント M_{cr} は式 (2.3) のように求められる．

$$\sigma = \frac{M}{I}y = f_b \tag{2.2}$$

$$M_{cr} = \frac{f_b I}{y} = \frac{f_b bh^3}{12h/2} = \frac{f_b bh^2}{6} \tag{2.3}$$

ここで，曲げひび割れ発生モーメントがコンクリートの引張強度 f_t ではなく，コンクリートの曲げ強度 f_b から求まることに注意してほしい．

引張強度と曲げ強度の違いは，コンクリートの**破壊力学**を勉強すれば容易に理解できる．しかし，より簡単には，コンクリートの引張強度はコンクリートが一様な引張応力を受けた場合にコンクリートにひび割れが発生するときの強度であり，曲げを受ける場合のように応力分布に勾配がついている場合には，コンクリートが引張抵抗のピークに達した後に，場所によって応力が減少したり，あるいは増加したりして，応力分布の形が弾性状態における分布状態から変化する，いわゆる応力の再分配が行われるので，引張縁応力が引張強度に達しても直ちに曲げひび割れが進展することにはならないと理解しておけばよい．曲げひび割れの進展に対応する見かけの強度が**曲げ強度**である．

この曲げ強度 f_b は，材料特性ではなく，はりの高さが増加するとともに低下していくことが知られている．このように構造体の単位面積あたりの強度が構造体の寸法に応じて低下していくことは**寸法効果**（size effect）といわれている．コンクリートの曲げ強度は寸法効果の典型例である．

過去に曲げ強度を予測する実験式が多数提案されているが，これらは通常，はりの高さが 10〜15 cm 程度の無筋コンクリートはりを対象としたものであった．例えば，コンクリートの圧縮強度と引張強度，あるいは曲げ強度を結びつける以下の実験式が提案されているが，式 (2.5) の曲げ強度はあくまでも高さ 10〜15 cm 程度の無筋コンクリートの曲げ試験により求められたものである．

コンクリートの引張強度　$f_t = 0.269\ {f_c}'^{2/3}\ (\mathrm{N/mm^2})$　(2.4)

コンクリートの曲げ強度　$f_b = 0.461\ {f_c}'^{2/3}\ (\mathrm{N/mm^2})$　(2.5)

式(2.4)と(2.5)によれば，曲げ強度は引張強度の約1.7倍となる．しかし，前述の通り，式(2.5)は高さ10〜15 cm程度の無筋コンクリートの曲げ試験から得られた実験式であるので，はりの寸法が大きくなれば，この式の適用範囲外となり，見かけの曲げ強度は次第に引張強度に漸近していくのである．

確認問題 2.1

圧縮強度 $f_c{}'$ が $30\,\mathrm{N/mm^2}$ の普通コンクリートの引張強度 f_t と曲げ強度 f_b を予測せよ．ただし，式(2.4)，(2.5)を用いること．

【解答】

$$f_t = 0.269 \times 30^{2/3} = 2.60\ (\mathrm{N/mm^2})$$
$$f_b = 0.461 \times 30^{2/3} = 4.45\ (\mathrm{N/mm^2})$$

コンクリートの引張強度は圧縮強度の1/10程度といわれているが，その比率 $f_t/f_c{}'$ は一定ではなく，圧縮強度が増加するほど，相対的に小さくなる傾向にある．なお，曲げひび割れ発生モーメントを求める場合は，与えられた曲げ強度 f_b を用いて計算することになる．

ワンポイント用語解説

曲げモーメント図：単純支持されたRCはりに集中荷重が作用する場合の曲げモーメント図は，以下のようになる．

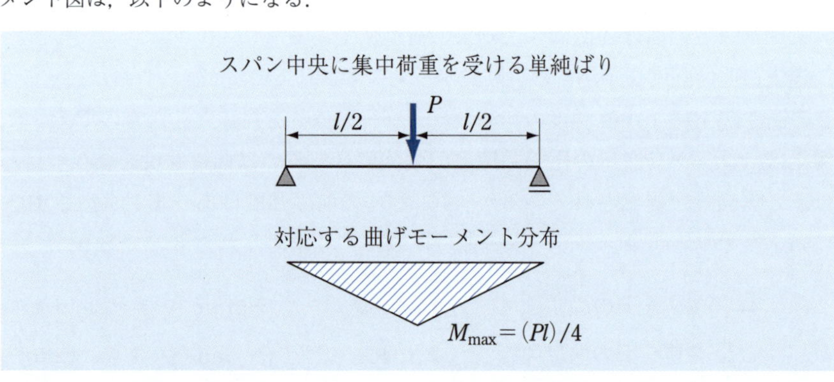

2.3　曲げひび割れ発生から降伏まで

続いて，曲げひび割れが発生してから，断面の引張側に配置された鉄筋が降伏するまでの領域について考える．

曲げひび割れ発生後，断面に補強鉄筋が配置されていないと，はりは直ちに破壊してしまう．これは無筋コンクリートの破壊であり，望ましくない性状である．変形能力に富んだ鉄筋コンクリート構造とするためには，少なくとも，曲げひび割れ発生荷重に抵抗するだけの鉄筋量を配置しておくことが必要となる．これが**最小鉄筋量**の概念である．最小鉄筋量は，従来はコンクリート断面積に対する一定の比率として定められてきたが，コンクリート断面積の他に，例えばひび割れ強度や鉄筋の降伏強度も考慮して定めるべきである．

さて，曲げひび割れ発生から，引張側に配置された補強鉄筋降伏までの間の解析方法であるが，一般には，コンクリートの引張抵抗を無視した**RC 計算**（コンクリート構造における**弾性計算**ともいわれている）が行われている．コンクリートの引張抵抗は，ひび割れ位置では消失するが，ひび割れ間では鉄筋との付着によって残存しており，平均的にはひび割れ発生以後もコンクリートの引張抵抗は 0 にならない．この現象をコンクリートの**テンションスティフニング**（tension stiffening）というが，実務的な計算では，ひび割れ発生以後は，簡単のため，コンクリートの引張抵抗を完全に無視した計算が慣用的に行われてい

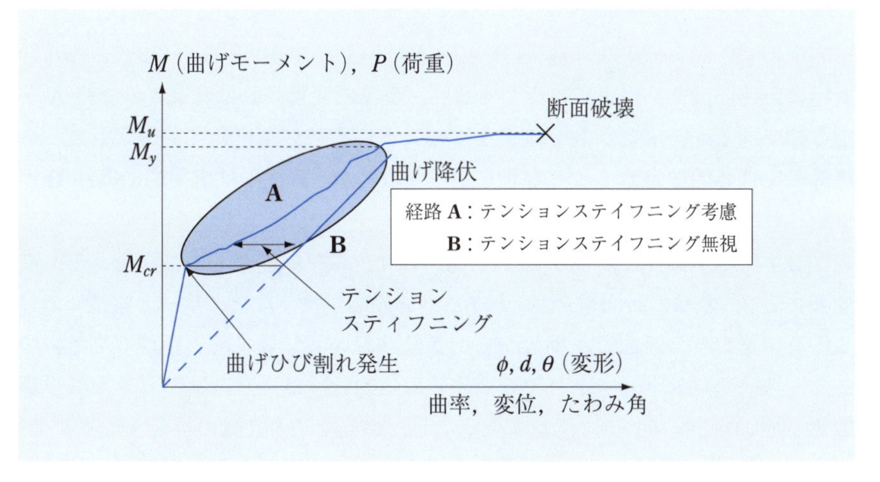

図 2.3　曲げひび割れ発生から曲げ降伏までの RC はりの挙動

るのである（図2.3）.

曲げひび割れから鉄筋の降伏までの領域に対しては以下のような基本仮定のもとに計算を行うことになる.

基本仮定（曲げひび割れ発生から鉄筋の降伏までの領域）

(1)　**平面保持**の仮定，あるいはひずみの直線分布の仮定：

英語ではPlane section remains planeという．これは1.1節でも述べた通り，基本3条件のうちの変形の適合条件である.

(2)　**完全付着**の仮定：

これは，断面内に配置された鉄筋のひずみは同一位置のコンクリートひずみに完全に一致するという仮定であり，これも変形の適合条件である.

(3)　鉄筋は弾性体（ヤング係数E_s）とする：

これは鉄筋が降伏していないからである.

(4)　コンクリートは圧縮に対して弾性体（ヤング係数E_c）とする：

これは，コンクリートに作用する圧縮ひずみのレベルが，通常の場合，十分に小さいと予想されるからである.

(5)　コンクリートは引張に抵抗しない：

これは前述の通りである.

以上の(3)から(5)は，材料の応力–ひずみ関係に関するものである．(5)の仮定は前述の通り，現実には正しくない．現実の変形挙動は図2.3の経路**A**となるのであるが，テンションスティフニングの大きさを定量的に評価して，この経路を理論的に定めることが難しかったことから，従来は慣用的に経路**B**が仮定されてきたのである.

図2.4に示すように，幅b，高さ（桁高）h，の単鉄筋矩形断面を考える．**有効高さ**をd，鉄筋の断面積をA_sとする．有効高さは，コンクリート構造における固有の概念で，断面の圧縮縁から引張鉄筋の図心位置までの距離（高さ）である．鉄筋とコンクリートのヤング係数はE_s，E_cで，その比率nを**ヤング係数比**と呼ぶ（$n = E_s/E_c$）．基本仮定にしたがって，**中立軸**の位置xを求める．中立軸は曲げの問題における一般的な概念で，軸方向のひずみが圧縮，引張のいずれでもなく，0となる軸のことである.

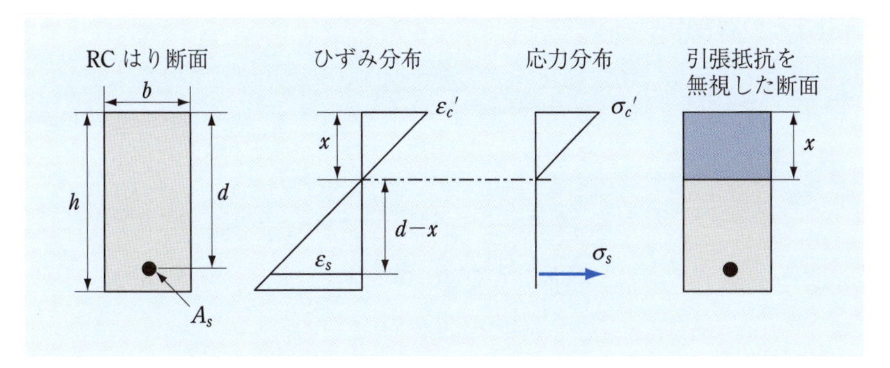

図 2.4　曲げひび割れ発生後の断面のひずみと応力

● 応力–ひずみ関係

$$\sigma_c{}' = E_c\ \varepsilon_c{}'$$

$$\sigma_s = E_s\ \varepsilon_s$$

ただし,

$\sigma_c{}'$: コンクリートの圧縮縁応力

$\varepsilon_c{}'$: コンクリートの圧縮縁ひずみ

σ_s : 鉄筋応力

ε_s : 鉄筋ひずみ

● 力の釣合条件

$$\text{コンクリートの圧縮合力}\quad C' = \frac{\sigma_c{}' bx}{2}$$

$$\text{鉄筋の引張力}\quad T = A_s\ \sigma_s$$

ただし,

A_s : 鉄筋の断面積

このとき, 断面内でコンクリートの圧縮合力と鉄筋の引張力は釣合を保つ必要があるので, $C' = T$ となる.

● ひずみの適合条件

$$\varepsilon_s = \frac{d-x}{x}\varepsilon_c{}'$$

以上より，

$$\frac{1}{2}E_c\varepsilon_c{}'bx = A_sE_s\frac{d-x}{x}\varepsilon_c{}'$$
$$E_cbx^2 = 2A_sE_s(d-x)$$
$$bx^2 = 2nA_s(d-x)$$
$$bx^2 + 2nA_sx - 2nA_sd = 0$$

したがって，

$$\begin{aligned} x &= \frac{-nA_s + \sqrt{(nA_s)^2 + 2nA_sbd}}{b} \\ &= \frac{nA_s}{b}\left(-1 + \sqrt{1 + \frac{2bd}{nA_s}}\right) \end{aligned} \tag{2.6}$$

となる．上の計算で，2次方程式の解の公式から中立軸位置 x を求めているが，根号の前がマイナス（−）となると x が必ず負となることから，その解を棄却している．

式 (2.6) からわかるように，中立軸位置 x は，鉄筋断面積 A_s，ヤング係数比 n（$= E_s/E_c$），断面の幅 b，有効高さ d のみから決まり，荷重状態に依存せず，一定である．この x を用いれば，任意の鉄筋応力 σ_s に対応する断面の抵抗モーメントが計算できる．

■ 確認問題 2.2

鉄筋が降伏する際の断面の抵抗モーメントを求めよ．

【解答】　断面の降伏モーメントを M_y とする．このときの断面の応力状態は図2.5のようになるので，このときの x を用いれば M_y が計算できる．圧縮合力の作用位置は圧縮縁から $x/3$ の位置であるので，抵抗モーメントは，

$$M_y = T_y\left(d - \frac{x}{3}\right)$$

ここに，$T_y = A_sf_y$ であり，x は式 (2.6) から求められる．

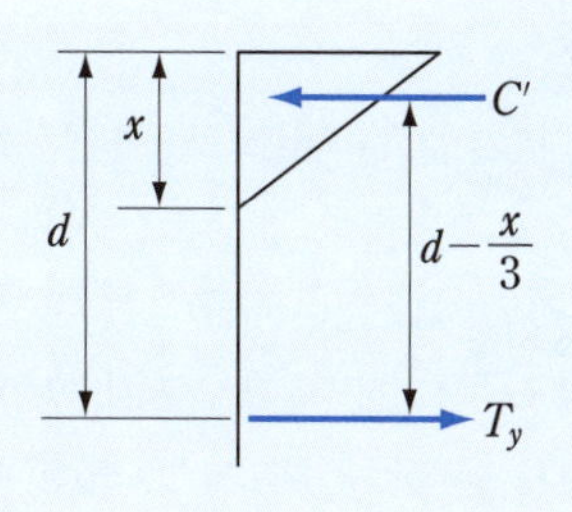

図 2.5　降伏時の応力状態

このRC計算では，コンクリートの引張抵抗を完全に無視しているが，実務計算では，この計算法が多用されている．

しかしながら，圧縮を受けるコンクリートを弾性体とするこの考え方は，RCはりの断面破壊の計算には適用できない．それは，断面破壊時には，コンクリートの圧縮ひずみが増加し，もはや圧縮を受けるコンクリートが弾性体ではなくなるからである．応力とひずみの関係が線形の関係ではなくなることを**材料非線形**ということはすでに述べたが，圧縮を受けるコンクリートの材料非線形性はコンクリート構造に固有な特徴である．

2.4　曲げ破壊時

2.3 節で述べた RC 計算との最大の相違は圧縮側コンクリートの応力–ひずみ関係が弾性状態ではなくなることである．これ以外の，変形の適合条件，力の釣合条件に関しては，2.3 節での仮定と同様としてよい．したがって，この場合には圧縮を受けるコンクリートの応力–ひずみ曲線が必要である．

コンクリートはりの曲げ圧縮部は厳密には 2 軸の平面応力場となっているが，最大モーメント部の近傍では，曲げ圧縮応力が卓越しているので，1 軸圧縮状態に近いと見なすことができる．したがって，この部分には 1 軸圧縮を受けるコンクリートの応力–ひずみ曲線を適用することができる．応力–ひずみ曲線はコンクリートの圧縮強度の大きさ，作用する応力のレベルなどによって変化するが，ピーク付近まではほぼ単調に増加する傾向を示す．ピーク時の応力がコンクリートの圧縮強度 f_c' に対応する．ピーク時のひずみはおおよそ 0.002 程度である．ピークに近づくにしたがって，コンクリートの応力–ひずみ曲線は次第に非線形性を示し，接線弾性係数が低下していく．ピーク到達後の応力–ひずみ関係は，試験条件にも大きく影響され，測定が不安定となる場合が多い．

応力–ひずみ曲線のモデルとして Hognestad が提案したものは，ピークまでは 2 次曲線で，ピーク後は負勾配を有する直線モデルであり，Rüsch のモデルは 2 次曲線と水平な直線を接続したモデルである．この他，ひずみの多項式モデル，指数関数式など，多彩な式が提案されている．

ここでは，Rüsch 型の 2 次放物線と直線からなるモデルを示す．このモデルは *fib* Model Code[1] をはじめとして，土木学会コンクリート標準示方書など，

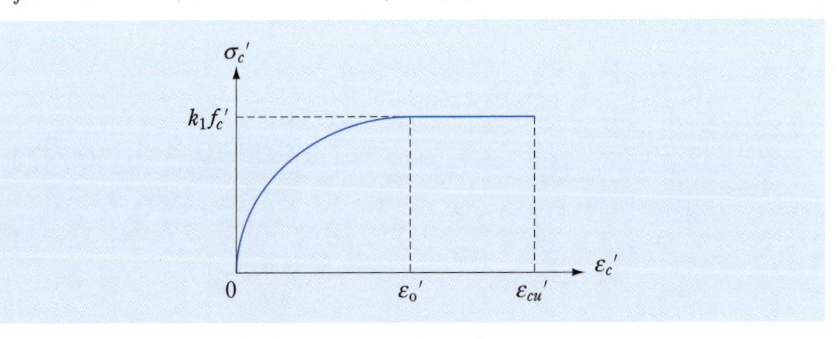

図 2.6　応力–ひずみ曲線のモデル

[1] The International Federation for Structural Concrete：国際構造コンクリート連合

実務的に多用されているものである．

圧縮を正として，

(i)　$0 \leq \varepsilon_c{}' < \varepsilon_o{}'$ のとき

$$\sigma_c' = k_1 f_c{}' \left\{ 2\left(\frac{\varepsilon_c{}'}{\varepsilon_o{}'}\right) - \left(\frac{\varepsilon_c{}'}{\varepsilon_o{}'}\right)^2 \right\} \tag{2.7}$$

(ii)　$\varepsilon_o{}' \leq \varepsilon_c{}' \leq \varepsilon_{cu}{}'$ のとき

$$\sigma_c{}' = k_1 f_c{}' \tag{2.8}$$

ここで，$\varepsilon_{cu}{}'$ はコンクリートの終局ひずみで，一般には 0.0035 としてよい．k_1 はピーク後の軟化域を含めて応力–ひずみ曲線を簡易にモデル化したための補正係数で，一般には 0.85 としてよい．なお，断面の破壊の定義は，圧縮縁のコンクリートひずみが終局ひずみ $\varepsilon_{cu}{}'$ に達したときと仮定される．

図 2.7 は，断面破壊時のひずみと応力の状態を示すものである．

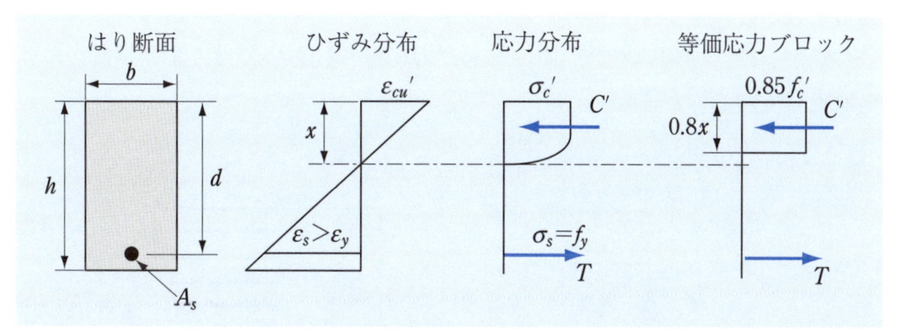

図 2.7　断面破壊時のひずみと応力の状態

コンクリートの圧縮合力および圧縮合力の作用位置を定めるためには，非線形の圧縮応力の部分に対して，積分計算を行う必要がある．この場合の基本仮定は，以下の通りとなる．

断面破壊時の基本仮定

(1)　平面保持

(2)　完全付着

(3)　鉄筋は完全弾塑性体であり，すでに降伏している．

(4)　コンクリートの引張抵抗は無視し，また圧縮応力は非線形分布とする．

(5)　圧縮縁のコンクリートひずみが破壊ひずみ（終局ひずみ）$\varepsilon_{cu}{}'$ に達したときを破壊と定義する．ただし，$\varepsilon_{cu}{}' = 0.0035$ とする．

2.3 節と比較してみると，(1)，(2) の仮定は同様である．鉄筋はすでに降伏していると考えられるので，(3) では降伏後の鉄筋の応力–ひずみ関係を用いることになる．(4) のコンクリートの引張抵抗に関しては 2.3 節と同様であり，圧縮に対してはもはや弾性体とは仮定しない．(5) が，ここで初めて現れた断面破壊の定義である．基本的に材料の応力–ひずみ関係が 2.3 節と異なっていると理解すればよい．

以下に，断面破壊時の抵抗モーメント（曲げ終局耐力）を計算する具体的な方法を示す．通常の鉄筋コンクリート部材では，コンクリートが圧縮で破壊するよりも先に，引張力を受ける鉄筋が降伏するように設計されている．このようにコンクリートの圧縮破壊よりも鉄筋の降伏が先行する破壊形態を，**曲げ引張破壊**という．破壊前に鉄筋を降伏させるということは，破壊性状を延性的なものとし，エネルギー吸収量も大きくすることができる．また，鋼材を有効に利用することにもつながるので，望ましい破壊形態であるといえる．

したがって，通常の場合，曲げ終局耐力の計算においては，まず鉄筋の降伏を仮定しておくのがよい．

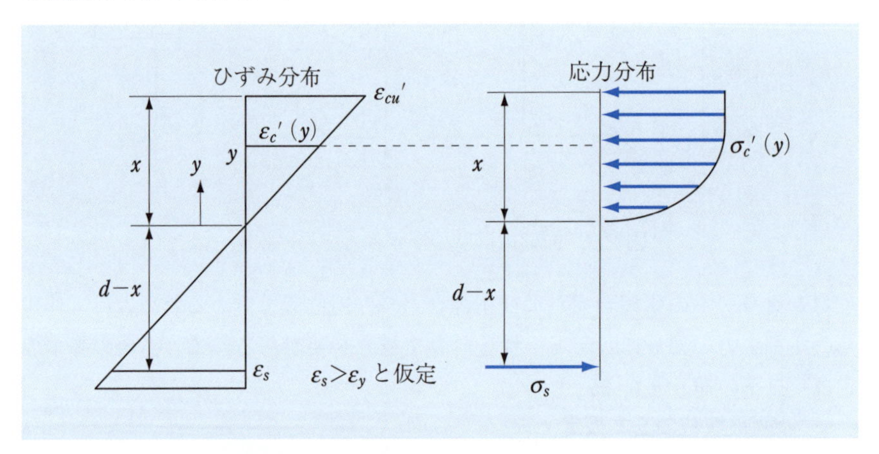

図 2.8　断面破壊時のひずみと応力分布

(a)　鉄筋の引張力 T

$$T = A_s \sigma_s = A_s f_y = T_y \tag{2.9}$$

鉄筋は完全弾塑性体と考える．また，すでに降伏していると仮定しているので，引張力は一定となる．

(b)　コンクリートの圧縮合力 C'

$$C' = \int_0^x {\sigma_c}'(y) b dy$$

$${\sigma_c}' = f({\varepsilon_c}')$$

式 (2.7)，(2.8) を用いると，

$0 \le {\varepsilon_c}' < {\varepsilon_o}'$ のとき，

$${\sigma_c}' = k_1 {f_c}' \left\{ 2\left(\frac{{\varepsilon_c}'}{{\varepsilon_o}'}\right) - \left(\frac{{\varepsilon_c}'}{{\varepsilon_o}'}\right)^2 \right\}$$

${\varepsilon_o}' \le {\varepsilon_c}' \le {\varepsilon_{cu}}'$ のとき，

$${\sigma_c}' = k_1 {f_c}'$$

ここで，$y : 0 \to x$ で，${\varepsilon_c}' : 0 \to {\varepsilon_{cu}}'$ であるので，${\varepsilon_c}' = \dfrac{y}{x}{\varepsilon_{cu}}'$ となり，変数変換すると，$d{\varepsilon_c}' = \dfrac{{\varepsilon_{cu}}'}{x}dy$ であるので，

$$C' = \int_0^{{\varepsilon_{cu}}'} f\left({\varepsilon_c}'\right) b \frac{x}{{\varepsilon_{cu}}'} d{\varepsilon_c}' \tag{2.10}$$

つまり，ひずみの関数として表されたコンクリートの圧縮応力を積分し，圧縮合力を計算するのである．

(c)　断面における力の釣合

これは 2.3 節と同様であり，曲げのみが作用しているので，コンクリートの圧縮合力と鉄筋の引張力は断面内で釣合を保つ必要がある．

$$C' - T = 0 \tag{2.11}$$

式 (2.11) に (2.9) と (2.10) を代入することにより，終局時の中立軸位置 x を求めることができる．

(d)　鉄筋ひずみのチェック

$$\varepsilon_s : (d - x) = {\varepsilon_{cu}}' : x$$

$$\to \quad \varepsilon_s = {\varepsilon_{cu}}' \frac{d - x}{x}$$

この鉄筋ひずみが，鉄筋の降伏ひずみ $\varepsilon_y = f_y / E_s$ 以上であることを確認しておく．

確認問題 2.3

もしここで，鉄筋のひずみ ε_s が降伏ひずみ ε_y に達していない場合はどうすべきか．

【ヒント】 配置された鉄筋量 A_s が極端に大きい場合などでは，終局時に鉄筋が降伏していない場合がある．この場合は**曲げ圧縮破壊**と呼ばれる脆性的な破壊形態となる．この場合は，$T = T_y$ とは仮定できない．$T = A_s E_s \varepsilon_s$ と仮定しなおして，計算を進めていくことになる．

(e) 断面の抵抗モーメントの計算

中立軸の位置 x が求まったら，次は圧縮合力の作用位置を求めれば，抵抗モーメント（断面の曲げ終局耐力）を計算することができる．圧縮合力の作用位置は圧縮応力分布の重心位置となるので，式 (2.12) のように計算すればよい．

抵抗モーメントを M_u とすると，

$$M_u = T_y(d - x + x_g)$$

$$x_g = \frac{\displaystyle\int_0^x \sigma_c{}' b y dy}{\displaystyle\int_0^x \sigma_c{}' b dy} \tag{2.12}$$

具体的には，式 (2.10) のように変数変換を行って計算していく必要がある．

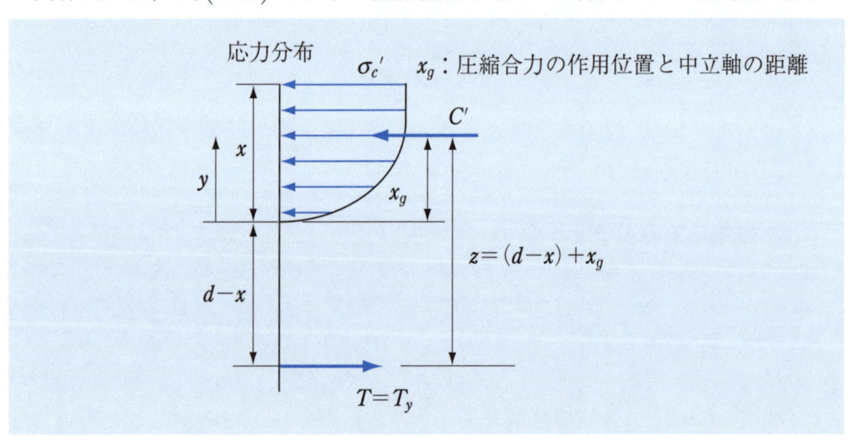

図 2.9 圧縮合力の作用位置

以上が厳密な計算方法であるが，これを簡単な計算ですませる巧妙な方法がある．以上の計算で煩雑なのは，式 (2.10) の圧縮合力の計算と，式 (2.12) のその作用位置を決定するための計算である．したがって，破壊時の圧縮合力とその作用位置を，厳密な計算を行った場合とほぼ等価なものとなるように，簡易に求めることができれば非常に有用である．この目的で，破壊時の非線形の応力分布を矩形の応力分布に置き換えるという試みが行われてきた．このような矩形の圧縮応力分布のことを**等価応力ブロック**という．そして様々な試算の結果，現在では，応力の大きさを $0.85f_c{}'$，高さを $0.8x$ とした等価応力ブロックが推奨されている．

確認問題 2.4

応力の大きさ $0.85f_c{}'$，高さ $0.8x$ の等価応力ブロックを用いて，断面の曲げ破壊モーメントを算定せよ．

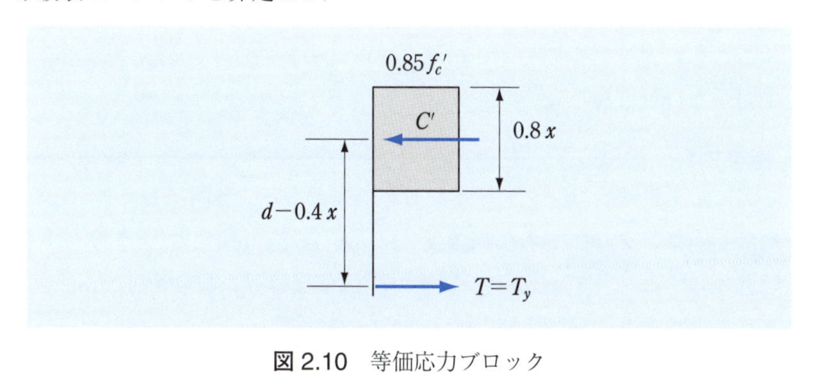

図 2.10　等価応力ブロック

【解答】

$$C' = 0.85f_c{}' \times 0.8x \times b$$
$$= 0.68f_c{}'bx$$
$$T = T_y = A_s f_y$$

$C' = T$ より，

$$x = \frac{A_s f_y}{0.68f_c{}'b}$$

$$\therefore \quad M_u = T_y(d - 0.4x)$$

等価応力ブロックを使用する場合であっても，あらかじめ鉄筋の降伏を仮定した場合は，x が求まった後に，鉄筋ひずみを求め，降伏の有無を確認しておかなければならない．

すでに述べたように，鉄筋が降伏した後に，コンクリートが圧縮破壊する破壊形態を**曲げ引張破壊**という．しかしながら，配置された鉄筋量が増加していくと，鉄筋が降伏する以前にコンクリートの圧縮破壊が起こる場合が生じる．これを**曲げ圧縮破壊**という．曲げ圧縮破壊は，鉄筋の降伏を伴わないので，はりの変形量やエネルギー吸収が少ない脆性的な破壊となり，コンクリート構造物の設計上，望ましくない破壊形態である．また，不必要に鉄筋を使用することにもなるので，不経済でもある．

曲げ引張破壊と曲げ圧縮破壊の中間に，鉄筋の降伏とコンクリートの圧縮破壊が同時に起こるケースがある．この破壊形態を**釣合破壊**という．

鉄筋コンクリートはりの曲げの問題では，上記の3通りの曲げ破壊の形態を区別することは非常に重要であるので，破壊時の鉄筋ひずみの大きさを必ず確認しておかなければならない．

例題 2.1

下図に示す単鉄筋コンクリート長方形断面がある．各問に答えよ．

ただし，コンクリートの圧縮強度は $f_c{}' = 30\,\mathrm{N/mm^2}$，コンクリートの曲げ強度は $f_b = 4.5\,\mathrm{N/mm^2}$，鉄筋の降伏強度は $f_y = 400\,\mathrm{N/mm^2}$，コンクリートのヤング係数は $E_c = 25\,\mathrm{kN/mm^2}$，鉄筋のヤング係数は $E_s = 200\,\mathrm{kN/mm^2}$ である．また，コンクリートの圧縮破壊ひずみは $\varepsilon_{cu}{}' = 0.0035$ とする．また軸方向鉄筋の断面積は $A_s = 600\,\mathrm{mm^2}$ である．

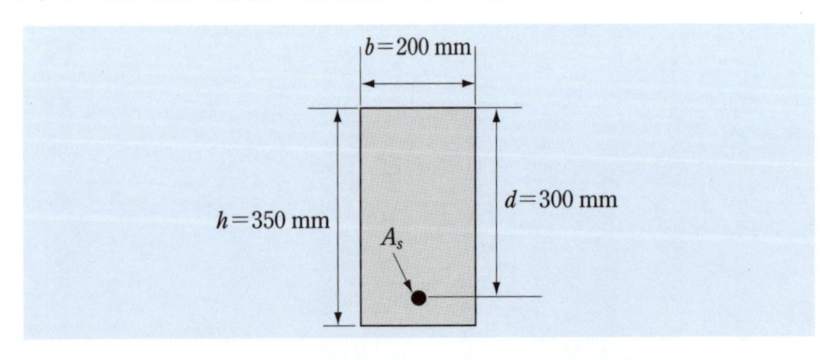

図 2.11 単鉄筋コンクリート長方形断面

(1)　この断面の曲げひび割れ発生モーメント M_{cr}（kN · m）を求めよ．ただし，軸方向鉄筋の影響は無視してよい．

(2)　軸方向鉄筋が降伏する際のモーメント M_y（kN · m）を求めよ．ただし，圧縮を受けるコンクリートは弾性体とし，コンクリートの引張抵抗は無視する．

(3)　この断面の曲げ破壊モーメント M_u（kN · m）を求めよ．ただし，圧縮合力の計算には $0.85f_c{}' \times 0.8x$ の等価応力ブロックを用いること．圧縮縁のコンクリートひずみが破壊ひずみ $\varepsilon_{cu}{}'$ に達した状態を破壊と考える．鉄筋が降伏していることを確認しておくこと．

(4)　この断面の曲げ破壊モーメント M_u（kN · m）を求めよ．ただし，圧縮を受けるコンクリートの応力–ひずみ曲線には次の 2 次放物線 + 直線式を用いること．また，(3) の等価応力ブロックを用いて得られた M_u と (4) の応力–ひずみ曲線を用いて得られた M_u の比率を示し，等価応力ブロックの有効性を評価すること．なお，鉄筋が降伏していることを確認しておくこと．

$0 \leq \varepsilon_c{}' < \varepsilon_o{}'$ のとき，

$$\sigma_c{}' = k_1 f_c{}' \left\{ 2\left(\frac{\varepsilon_c{}'}{\varepsilon_o{}'}\right) - \left(\frac{\varepsilon_c{}'}{\varepsilon_o{}'}\right)^2 \right\}$$

$\varepsilon_o{}' \leq \varepsilon_c{}' \leq \varepsilon_{cu}{}'$ のとき，

$$\sigma_c{}' = k_1 f_c{}'$$

ただし，$k_1 = 0.85$，$\varepsilon_o{}' = 0.002$，$\varepsilon_{cu}{}' = 0.0035$．

(5)　鉄筋の断面積が $A_s = 2400\,\mathrm{mm}^2$ に増加したとき，断面の曲げ破壊モーメント M_u（kN · m）を求めよ．ただし，$0.85f_c{}' \times 0.8x$ の等価応力ブロックを用いること．

【略解】 (1)　断面の曲げひび割れ発生モーメントは，鉄筋を無視して，弾性計算により求める．断面の引張縁応力がコンクリートの曲げ強度に達したときが，曲げひび割れ発生に対応する．

$$\sigma = \frac{M}{I}y = f_b$$

$$\rightarrow \quad M_{cr} = \frac{f_b I}{y}$$

$$= \frac{2 f_b b h^3}{12h}$$

$$= \frac{f_b b h^2}{6}$$

$$= \frac{4.5 \times 200 \times 350^2}{6}$$

$$= 18375000$$

$$\fallingdotseq 18.4\,(\mathrm{kN \cdot m})$$

(2)　圧縮を受けるコンクリートは弾性体で，コンクリートの引張抵抗は無視する．降伏までは，鉄筋も弾性体である．コンクリートの圧縮合力を C'，鉄筋の引張力を T，コンクリートの圧縮縁ひずみを $\varepsilon_c{}'$ とする．

$$C' = \frac{1}{2}E_c \varepsilon_c{}' bx$$

$$T = A_s E_s \varepsilon_s = A_s E_s \frac{d-x}{x}\varepsilon_c{}'$$

$C' = T$ より，

$$\frac{1}{2}E_c \varepsilon_c{}' bx = A_s E_s \frac{d-x}{x}\varepsilon_c{}'$$

$$bx^2 = 2nA_s(d-x)$$

ただし，$n = E_s/E_c$ である．これより，

$$x = \frac{nA_s}{b}\left(-1 + \sqrt{1 + \frac{2bd}{nA_s}}\right)$$

$$= \frac{8 \times 600}{200}\left(-1 + \sqrt{1 + \frac{2 \times 200 \times 300}{8 \times 600}}\right)$$

$$= 24\left(-1 + \sqrt{26}\right)$$

$$\fallingdotseq 98.4\,(\mathrm{mm})$$

したがって，

$$M = A_s\sigma_s\left(d - \frac{x}{3}\right)$$
$$\rightarrow \quad M_y = A_s f_y\left(d - \frac{x}{3}\right)$$
$$= 600 \times 400 \times \left(300 - \frac{98.4}{3}\right)$$
$$= 64128000$$
$$\fallingdotseq 64.1\,(\mathrm{kN \cdot m})$$

(3)　曲げ破壊モーメントを等価応力ブロックを用いて計算する．引張鉄筋の降伏を仮定すると鉄筋の引張力は，

$$T = T_y = A_s f_y = 600 \times 400 = 240000\,(\mathrm{N})$$

コンクリートの圧縮力は，

$$C' = 0.85 f_c{}' \times 0.8x \times b$$
$$= 0.68 f_c{}' \times b \times x$$
$$= 0.68 \times 30 \times 200 \times x$$
$$= 4080x\,(\mathrm{N})$$

軸方向力の釣合から，$C' = T$．よって，$x \fallingdotseq 58.8$（mm）．

鉄筋ひずみの確認

$$\varepsilon_s = \frac{d - x}{x}\varepsilon_{cu}{}' = \frac{300 - 58.8}{58.8} \times 0.0035$$
$$\fallingdotseq 0.01436 > \varepsilon_y = \frac{f_y}{E_s} = 0.002$$

となって，確かに降伏しており，仮定通り．

$$\therefore \quad M_u = T_y(d - 0.4x)$$
$$= 240000(300 - 0.4 \times 58.8)$$
$$= 66355200$$
$$\fallingdotseq 66.4\,(\mathrm{kN \cdot m})$$

(4)　曲げ破壊モーメントを，与えられたコンクリートの応力–ひずみ曲線を用いて計算する．引張鉄筋の降伏を仮定すると鉄筋の引張力は，

$$T = T_y = A_s f_y = 600 \times 400 = 240000\,(\mathrm{N})$$

コンクリートの圧縮力は,

$$\begin{aligned}
C' &= \int_0^x \sigma_c{}' \cdot bdy \\
&= \int_0^{\varepsilon_{cu}{}'} f(\varepsilon_c{}') \cdot b \cdot \frac{x}{\varepsilon_{cu}{}'} d\varepsilon_c{}' \\
&= \int_0^{\varepsilon_o{}'} 0.85 f_c{}' \left\{ 2\left(\frac{\varepsilon_c{}'}{\varepsilon_o{}'}\right) - \left(\frac{\varepsilon_c{}'}{\varepsilon_o{}'}\right)^2 \right\} \cdot b \cdot \frac{x}{\varepsilon_{cu}{}'} d\varepsilon_c{}' \\
&\quad + \int_{\varepsilon_o{}'}^{\varepsilon_{cu}{}'} 0.85 f_c{}' \cdot b \cdot \frac{x}{\varepsilon_{cu}{}'} d\varepsilon_c{}' \\
&= \frac{0.85 f_c{}' bx}{\varepsilon_{cu}{}'} \left(\varepsilon_{cu}{}' - \frac{\varepsilon_o{}'}{3} \right) \\
&= \frac{0.85 \times 30 \times 200 \times x}{0.0035} \left(0.0035 - \frac{0.002}{3} \right) \\
&\fallingdotseq 4128.6x
\end{aligned}$$

軸方向力の釣合から，$C' = T$．よって，$x \fallingdotseq 58.1$ (mm).

鉄筋ひずみの確認

$$\begin{aligned}
\varepsilon_s &= \frac{d-x}{x} \varepsilon_{cu}{}' = \frac{300 - 58.1}{58.1} \times 0.0035 \\
&\fallingdotseq 0.01457 > \varepsilon_y = 0.002
\end{aligned}$$

となって，確かに降伏しており，仮定通り．続いて圧縮合力の作用位置を求める．

$$x_g = \frac{\displaystyle\int_0^x \sigma_c{}' bydy}{C'}$$

$$\begin{aligned}
\int_0^x \sigma_c{}' bydy &= \int_0^{\varepsilon_{cu}{}'} f(\varepsilon_c{}') b \frac{x}{\varepsilon_{cu}{}'} \frac{x}{\varepsilon_{cu}{}'} \varepsilon_c{}' d\varepsilon_c{}' \\
&= \frac{0.85 f_c{}' bx^2}{\varepsilon_{cu}{}'^2} \left(\frac{\varepsilon_{cu}{}'^2}{2} - \frac{\varepsilon_o{}'^2}{12} \right) \\
&\fallingdotseq 2411.2x^2
\end{aligned}$$

$$\therefore \quad x_g = \frac{2411.2x^2}{4128.6x} = 0.584x = 33.9\,(\mathrm{mm})$$

$$\begin{aligned}\therefore \quad M_u &= T_y(d - x + x_g)\\ &= 240000(300 - 58.1 + 33.9)\\ &= 66192000\\ &\fallingdotseq 66.2\,(\mathrm{kN \cdot m})\end{aligned}$$

結局，等価応力ブロックを用いた結果（$M_u = 66.4\,\mathrm{kN{\cdot}m}$）は，応力–ひずみ曲線を用いて厳密な計算を行った結果（66.2 kN·m）とほとんど変わらない（比率は 1.003）．つまり，等価応力ブロックによる曲げ破壊モーメントの算定は，実用上十分な精度であることが示された．

(5)　曲げ破壊モーメントを等価応力ブロックを用いて計算する．引張鉄筋の降伏を仮定すると鉄筋の引張力は，

$$T = T_y = A_s f_y = 2400 \times 400 = 960000\,(\mathrm{N})$$

コンクリートの圧縮力は，

$$\begin{aligned}C' &= 0.85{f_c}' \times 0.8x \times b\\ &= 0.68{f_c}' \times b \times x\\ &= 0.68 \times 30 \times 200 \times x\\ &= 4080x\,(\mathrm{N})\end{aligned}$$

軸方向力の釣合から，$C' = T$．よって，$x \fallingdotseq 235.3$（mm）．

鉄筋ひずみの確認

$$\begin{aligned}\varepsilon_s &= \frac{d - x}{x}{\varepsilon_{cu}}'\\ &= \frac{300 - 235.3}{235.3} \times 0.0035\\ &\fallingdotseq 0.000962 < \varepsilon_y = 0.002\end{aligned}$$

となって，降伏しておらず，仮定は誤り．この場合は曲げ圧縮破壊となる．そこで，鉄筋は降伏しておらず，弾性体であるとして，改めて計算を進める．

コンクリートの圧縮力は,

$$C' = 0.68 f_c{}' \times b \times x = 4080x$$

鉄筋のひずみは,

$$\varepsilon_s = \frac{d-x}{x}\varepsilon_{cu}{}'$$

鉄筋の引張力は,

$$\begin{aligned} T &= A_s \sigma_s \\ &= A_s E_s \varepsilon_s \\ &= A_s E_s \frac{d-x}{x}\varepsilon_{cu}{}' \\ &= \frac{2400 \times 200000 \times (300-x) \times 0.0035}{x} \\ &= \frac{1680000 \times (300-x)}{x} \end{aligned}$$

$C' = T$ より, x に関する 2 次式を解いて x を求めると, $x \fallingdotseq 201.4$ (mm).

鉄筋ひずみの確認

$$\begin{aligned} \varepsilon_s &= \frac{d-x}{x}\varepsilon_{cu}{}' \\ &= \frac{300-201.4}{201.4} \times 0.0035 \\ &= 0.0017135 < \varepsilon_y \end{aligned}$$

となって, 確かに降伏していない.

$$\begin{aligned} \therefore \quad M_u &= T(d-0.4x) \\ &= 2400 \times 200000 \times 0.0017135 \times (300 - 0.4 \times 201.4) \\ &= 180485011 \fallingdotseq 180.5\,(\mathrm{kN \cdot m}) \end{aligned}$$

■

第3章

曲げと軸力を受けるRC部材の挙動

コンクリート部材が曲げと軸力を同時に受ける場合を考える．その際の曲げ破壊モーメントを算定するには，曲げのみを受ける場合と，基本的に同様な仮定に基づいて計算すればよい．曲げ引張破壊する部材では，曲げに軸圧縮力が付加されると，曲げのみが作用する場合に比べて，曲げ破壊モーメントが増加していくことが知られている．これはコンクリート構造特有の現象である．曲げと軸力の作用比率を変化させながら，破壊時の耐力の組合せをプロットしたものを相互作用図（interaction diagram）という．

3.1　曲げと軸圧縮力を受ける RC 部材の耐力

図 3.1 に示すような，はりの先端に荷重を受ける逆 L 字形の柱はり構造では，はりは曲げを受けるが，柱は軸圧縮力と曲げモーメントを同時に受けることになる．また，図 3.2 に示すような偏心軸圧縮を受ける棒部材も，図心位置に軸圧縮力を，図心周りに曲げモーメントを受けることになる．

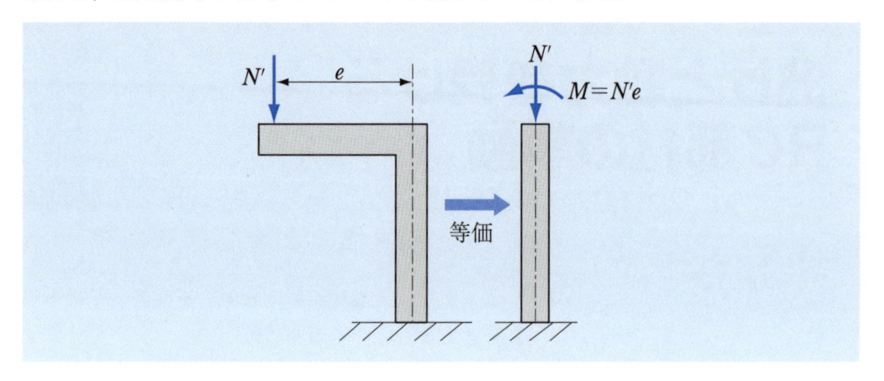

図 3.1　はり先端に荷重を受ける逆 L 字形の柱はり構造

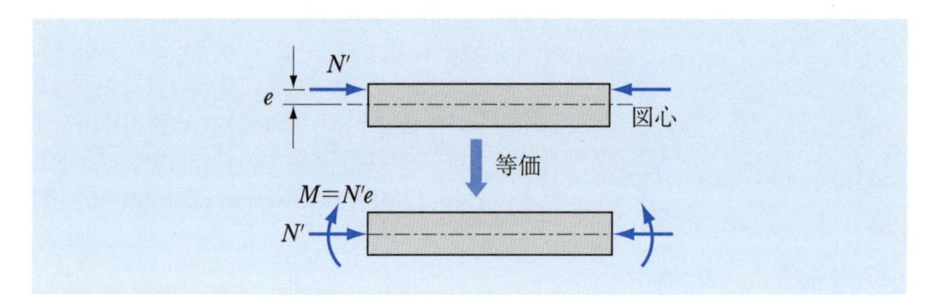

図 3.2　偏心軸圧縮を受ける棒部材

本章では，曲げと軸圧縮力を同時に受ける RC 部材の耐力を求める方法を説明する．この方法は，基本的には，曲げのみを受ける場合と同様である．ただし，作用する外力として曲げモーメント M 以外に軸圧縮力 N' が存在するので，これに関する釣合を考えなければならないところが曲げのみを受ける場合と異なる点である．以下，基本的な仮定を示す．

基本仮定

(1) 断面内でひずみは直線分布する（**平面保持**の仮定）.

(2) 同一位置の鉄筋ひずみとコンクリートひずみは一致する（**完全付着**の仮定）.

(3) コンクリートの引張応力は無視する（終局時には，コンクリートにひび割れが発生しているので）.

(4) 圧縮縁のコンクリートひずみが終局ひずみ ε_{cu}' に達したときを破壊と定義する．一般に，$\varepsilon_{cu}' = 0.0035 = 0.35\% = 3500\mu$ としてよい.

例題 3.1

図 3.3 のような複鉄筋コンクリート長方形断面が，図心に軸圧縮力 N' と図心周りに曲げモーメント M を受ける場合の破壊時の軸圧縮力と曲げモーメントを求めよ.

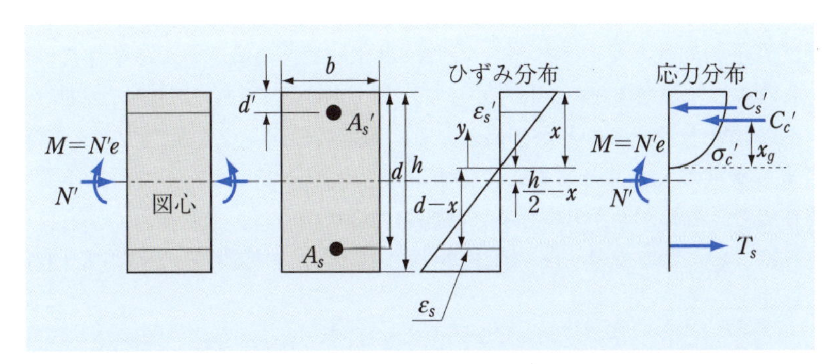

図 3.3 曲げと軸圧縮力を受ける複鉄筋コンクリート長方形断面

【解答】 計算手順を以下に示す.

まず $x \leq h$ を仮定する．つまり，中立軸が断面内にあると仮定する．このとき，コンクリートが受け持つ圧縮力 C_c' は，一般に式 (3.1) で求められる.

$$C_c' = \int_0^x \sigma_c'(y) b dy = C_c'(x) \tag{3.1}$$

つまり，C_c' は中立軸位置 x の関数となる．破壊時，すなわち圧縮縁のコンクリートひずみがコンクリートの終局ひずみ ε_{cu}' に達したときに，圧縮側の鉄筋がすでに圧縮で降伏している（$\varepsilon_s' \geq \varepsilon_y$）と仮定する．このとき，圧縮鉄筋が受

け持つ圧縮力 ${C_s}'$ は,

$$
{C_s}' = {A_s}'{f_y}' \tag{3.2}
$$

ただし，${A_s}'$ と ${f_y}'$ はそれぞれ圧縮鉄筋の断面積と降伏強度である．さらに，破壊時に，引張側の鉄筋も降伏している（$\varepsilon_s \geq \varepsilon_y$）と仮定する．このとき，引張鉄筋が受け持つ引張力 T_s は,

$$
T_s = A_s f_y \tag{3.3}
$$

ただし，A_s と f_y はそれぞれ引張鉄筋の断面積と降伏強度である．軸方向力の釣合から,

$$
N' = {C_c}'(x) + {C_s}' - T_s \tag{3.4}
$$

ただし，左辺の N' は作用する軸圧縮力（未知の外力）であり，右辺は断面の抵抗力（内力）である．式 (3.4) から明らかなように，破壊時の軸圧縮力 N' も中立軸位置 x の関数となる．ところが，N' は未知であるので，この条件だけでは x を求めることができない．したがって，軸方向の力の釣合に加えて，曲げモーメントの釣合を考えることが必要となる．曲げモーメントの釣合を考える場合，作用する荷重の大きさとともに変化する中立軸周りではなく，つねに不変の図心周りで考えるのがわかりやすい．鉄筋力の作用位置は，それぞれの図心位置と考えればよい．コンクリートの圧縮合力の中立軸からの距離 x_g は，式 (3.5) で求めることができる．

$$
x_g = \frac{\displaystyle\int_0^x {\sigma_c}'(y) by dy}{{C_c}'(x)} \tag{3.5}
$$

作用する曲げモーメントが $M = N'e$ で与えられるとする．つまり，偏心量 e を既知とすると,

$$
N'e = {C_c}'\left(\frac{h}{2} - x + x_g\right) + {C_s}'\left(\frac{h}{2} - d'\right) + T_s\left(d - \frac{h}{2}\right) \tag{3.6}
$$

式 (3.4) の N' を式 (3.6) の左辺に代入し，式 (3.6) を解くと x が得られる．この x を用いれば，耐力 M_u，${N_u}'$ を算定していくことができる．

なお，

$x > h$ なら，

$$C_c{}' = \int_0^h \sigma_c{}'(y)bdy \tag{3.7}$$

$\varepsilon_s{}' < \varepsilon_y$ なら（圧縮鉄筋が降伏していないなら）

$$C_s{}' = A_s{}'E_s\varepsilon_{cu}{}'\frac{x-d'}{x} \tag{3.8}$$

$\varepsilon_s < \varepsilon_y$ なら（引張鉄筋が降伏していないなら）

$$T_s = A_sE_s\varepsilon_{cu}{}'\frac{d-x}{x} \tag{3.9}$$

というように，修正していけばよい．

いずれにせよ，中立軸位置 x が求まった段階で，それまでに行った仮定の妥当性を確かめておくことが必要である．■

参考　なお，曲げと軸圧縮力が連成する場合も，断面の破壊時には，コンクリートの圧縮縁ひずみがコンクリートの破壊ひずみに達しているので，「等価応力ブロック」を使用してもよい．□

3.2　相互作用図

コンクリート断面の図心位置以外に軸圧縮力が作用すると，コンクリート断面は曲げと軸圧縮力を同時に受ける．この際の耐力は，3.1節で説明した方法で得られるが，これを連続的に図示した図3.4を**相互作用図**（interaction diagram）と呼ぶ．

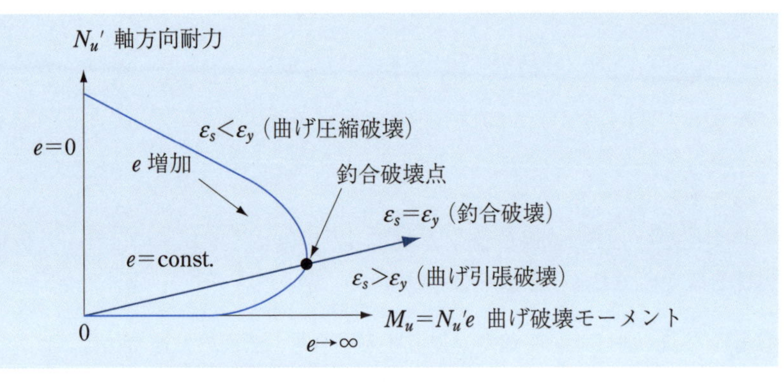

図3.4　相互作用図

相互作用図には，一般に以下のような性質がある．

- 偏心量 e が増加すると，次第に軸方向耐力 N_u' は低下していく．
- 引張鉄筋のひずみは，偏心量 e が小さいときは圧縮を示すが，e が大きくなると次第に引張を示すようになる．
- 破壊時（コンクリートの圧縮縁ひずみが破壊ひずみ ε_{cu}' となるとき）に，ちょうど，引張鉄筋が降伏する場合を**釣合破壊**という．
- 曲げモーメントのみを受けて破壊する横軸上の点から釣合破壊点までは，N' の増加とともに，曲げ破壊モーメント M_u が増加していく．この領域では**曲げ引張破壊**を生じる．曲げのみを受ける場合よりも，曲げと軸圧縮力を同時に受ける場合に，耐力が増加することは，鉄筋コンクリートに特有の現象である．これは，作用する軸圧縮力により引張鉄筋の降伏が遅れるため，M_u が増加するのである．
- 釣合破壊点を超えて e が増加すると，M_u は単調に低下していく．
- 原点を通る直線は，偏心量一定（$e=$ const.）の状態を示している．

- 釣合破壊点に対応する偏心量よりも e が小さいときは**曲げ圧縮破壊**を生じる．逆に釣合破壊点に対応する偏心量よりも e が大きいときは**曲げ引張破壊**を生じる．
- 曲げのみを受ける場合は，断面の形状，材料の強度から，曲げ破壊の形態が一義的に決まっていたが，曲げと軸圧縮力を同時に受ける場合は，これらの比率によって，破壊形態が変化することに注意を要する．

例題 3.2

図 3.5 に示す複鉄筋コンクリート長方形断面が，曲げと軸圧縮力の組合せ荷重を受けて，釣合破壊した．この破壊時の曲げモーメント M_u と軸圧縮力 $N_u{}'$ を求めよ．ただし，コンクリートの圧縮強度は $f_c{}' = 30\,\mathrm{N/mm^2}$，鉄筋の降伏強度は圧縮・引張とも $f_y = 400\,\mathrm{N/mm^2}$，鉄筋のヤング係数は $E_s = 200\,\mathrm{kN/mm^2}$ である．コンクリートの圧縮ひずみが 0.0035 となったときを破壊と定義する．曲げ圧縮力の計算には $0.85 f_c{}' \times 0.8x$ の等価応力ブロックを使用してよい．

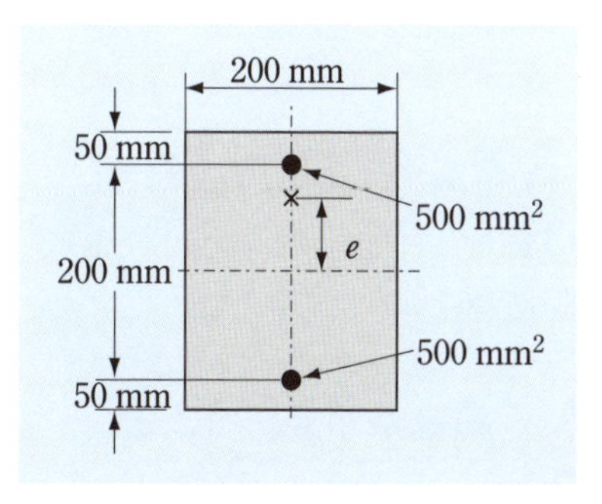

図 3.5　複鉄筋コンクリート長方形断面

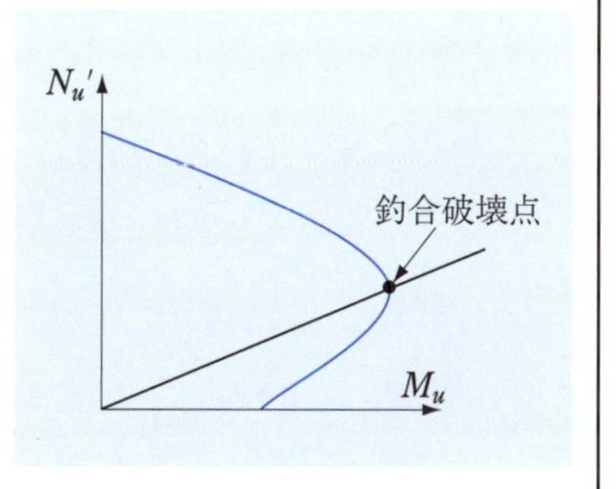

図 3.6　相互作用図

【解答】　釣合破壊時には，圧縮縁のコンクリートひずみは破壊ひずみ $\varepsilon_{cu}{}'$ となり，引張鉄筋のひずみは降伏ひずみ ε_y となる．これから，中立軸の位置 x が定まる．

$$\varepsilon_y : \varepsilon_{cu}{}' = (d - x) : x$$

$$x(\varepsilon_y + \varepsilon_{cu}{}') = d\varepsilon_{cu}{}'$$

$$\therefore \quad x = \frac{\varepsilon_{cu}{}' d}{\varepsilon_y + \varepsilon_{cu}{}'} = \frac{0.0035 \times 250}{0.002 + 0.0035} \fallingdotseq 159.1\,(\mathrm{mm})$$

釣合破壊なので，引張鉄筋はちょうど降伏している．圧縮鉄筋のひずみは，

$$\begin{aligned}\varepsilon_s{}' &= \frac{x - d'}{x}\varepsilon_{cu}{}' \\ &= \frac{159.1 - 50}{159.1} \times 0.0035 \fallingdotseq 0.0024 > 0.002 = \varepsilon_y\end{aligned}$$

となって，降伏している．

コンクリートの圧縮合力と鉄筋の圧縮力，引張力は，

$$\begin{aligned}C_c{}' &= 0.85 f_c{}' \times 0.8x \times b \\ &= 0.68 f_c{}' bx \\ &= 0.68 \times 30 \times 200 \times 159.1 \fallingdotseq 649.1\,(\mathrm{kN}) \\ C_s{}' &= A_s{}' f_y{}' \\ &= 500 \times 400 = 200\,(\mathrm{kN}) \\ T_s &= 200\,(\mathrm{kN})\end{aligned}$$

よって，軸方向耐力は，

$$\begin{aligned}\therefore \quad N_u{}' &= C_c{}' + C_s{}' - T_s \\ &= 649.1 + 200 - 200 = 649.1\,(\mathrm{kN})\end{aligned}$$

また曲げ耐力は，図心周りで考えて，

$$\begin{aligned}\therefore \quad M_u &= C_c{}'\left(\frac{h}{2} - 0.4x\right) + C_s{}'\left(\frac{h}{2} - d'\right) + T_s\left(d - \frac{h}{2}\right) \\ &= 649.1 \times (0.15 - 0.4 \times 0.1591) \\ &\quad + 200 \times (0.15 - 0.05) + 200 \times (0.25 - 0.15) \\ &\fallingdotseq 56.1 + 20 + 20 = 96.1\,(\mathrm{kN \cdot m})\end{aligned}$$

■

第4章

RC柱部材の挙動

コンクリート構造における重要な構造部材である「柱」を，付加モーメントの影響の大小から短柱と長柱に区別し，その各々の挙動について概説する．短柱の破壊は，曲げと軸圧縮力の組合せのもとでの破壊であることを理解する．長柱では付加モーメントの影響が無視できない．土木の分野における「柱」の典型的な例は，橋梁(りょう)の橋脚である．軸方向の補強に加えて，横方向の補強が特に重要であることを理解する．

4.1 はじめに

柱部材は，コンクリート構造物中の垂直の部材であり，主として軸圧縮力を受け持っている．柱部材により支えられている上部の構造や部材が地震力などによる水平力を受けると，柱部材には，軸圧縮力に加えて，さらに曲げモーメントが作用することになる．したがって，柱部材は，一般に曲げモーメントと軸圧縮力の組合せ荷重を受ける部材であると考えることができる．

柱部材は，耐力の点から見ると**短柱**と**長柱**に区分することができる．形状的には，短柱は断面寸法に比較して，相対的に高さの低い，ずんぐりとした部材である．そしてその耐力は，断面の形状・寸法と，使用された材料の特性のみから決定される．したがって，その耐力は，3.2 節に示した相互作用図から求めることができる．一方，長柱は断面寸法に比較して，相対的に高さの高いスレンダーな部材である．その耐力は，**付加モーメント**の影響により，断面自体の耐力よりも一般に低下する．

付加モーメントとは，柱の初期たわみ，あるいは偏心載荷による横方向変位（たわみ）と，作用する軸圧縮力により，初期に作用する曲げモーメントに付加される曲げモーメントであり，**2 次モーメント**と呼ばれる場合もある（図 4.1）．この付加モーメントにより，曲げモーメントが増加し，一般に耐力が低下するが，このことを ***P*–*Δ* 効果**と呼ぶ．

付加モーメントの影響で耐力が低下する柱を長柱と呼んでいる．

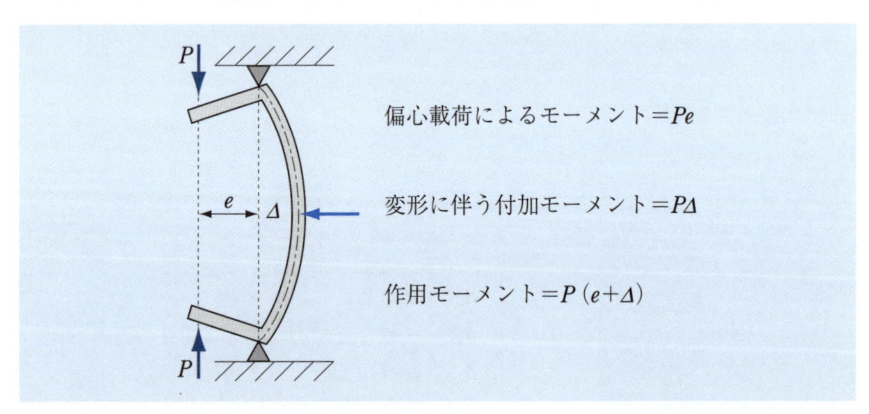

図 4.1 偏心載荷による初期モーメントと付加モーメント

4.2　一様な圧縮力を受ける短柱の耐力

短柱の断面図心に圧縮力が加わると，一様な圧縮力が生じる．鉄筋とコンクリートが完全に付着していて，すべりがないとすると，柱の軸方向のコンクリートひずみおよび鉄筋ひずみは，柱全体の軸方向ひずみに一致する．

鉄筋が座屈しないとき，普通強度の鉄筋の圧縮降伏ひずみは降伏強度 $f_y{}'$ をヤング係数 E_s で除して，おおよそ0.002程度となる．一方，一軸圧縮応力下でのコンクリートの圧縮破壊ひずみは0.0035程度である．したがって，コンクリートが圧縮破壊するとき，鉄筋はすでに降伏していると考えられる．したがって，耐力 $N_u{}'$ は，以下のように評価される．

$$N_u{}' = 0.85 f_c{}' A_c + f_y{}' A_{st} \tag{4.1}$$

ただし，

$f_c{}'$ ：コンクリートの圧縮強度
$f_y{}'$ ：鉄筋の圧縮降伏強度（$=f_y$）
A_c ：コンクリートの断面積
A_{st} ：軸方向鉄筋の断面積（図4.2）

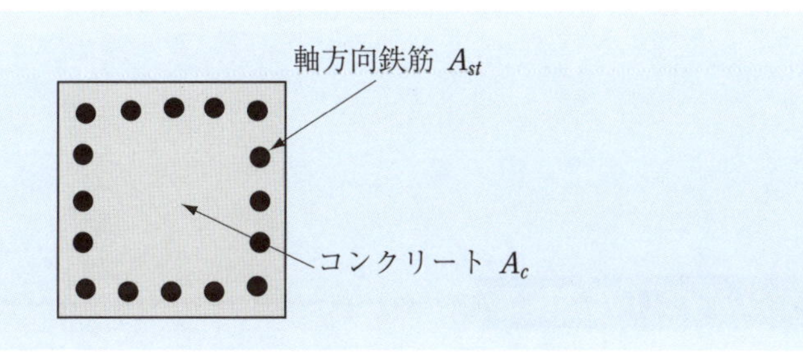

図4.2　圧縮を受ける鉄筋コンクリート断面

ここで，式(4.1)の右辺の0.85は，実際の柱のコンクリート強度と，円柱供試体から得られるコンクリートの圧縮強度の差異を考慮する係数である．すなわち，この両者では，

(a)　締固め・養生の程度が異なること（実際の柱では供試体ほど十分ではない）
(b)　縦横の寸法比が異なり，細長いものほど端部における横方向変位拘束の影響が相対的に小さくなるので，強度が低下すること

が知られている．以上の定性的な考察，ならびに多数の実験結果に基づき，経験的に0.85という値が使用されている．

式(4.1)は普通強度の鉄筋を使用した場合に適用できる．しかし，超高強度の鉄筋を用いた場合は，コンクリートの圧縮破壊時に，鉄筋が降伏していない状況も起こりうる．つまり，$\varepsilon_y' > \varepsilon_{cu}'$のとき（コンクリートの圧壊時に鉄筋が降伏していないとき）は，

$$N_u' = 0.85 f_c' A_c + E_s \varepsilon_{cu}' A_{st} \tag{4.2}$$

ただし，E_sは鉄筋のヤング係数，ε_{cu}'はコンクリートの終局ひずみ（0.0035程度）である．

ワンポイント用語解説

係数0.85：式(4.1)に出てくる0.85は，実際の柱部材中のコンクリートと強度管理用の円柱供試体（通常，直径10 cm × 高さ20 cm）との強度の差を考慮した係数である．2.4節の曲げ破壊の計算の中の等価応力ブロックにも$0.85f_c' \times 0.8x$が出てきたが，この$0.85f_c'$とは別のものである．

ポアソン効果：弾性体を圧縮するとその方向には縮むが，体積が減少しなければ，直角方向には当然膨れだすことになる．これをポアソン効果という．コンクリートも弾性範囲内であればポアソン効果が現れる．

4.3　短柱に配置すべき補強用鉄筋

ここまでの説明では，鉄筋とコンクリートが共同して圧縮に抵抗する，と仮定していた．しかし現実には，圧縮力を受けるコンクリートのポアソン効果により，コンクリートは縮むと同時に横に膨れ出す．それが限界を超えると，縦方向（軸方向）にひび割れが発生し，かぶりコンクリートの剥落につながる．かぶりコンクリートが剥落して軸方向鉄筋が剥き出しになると，軸方向鉄筋の座屈が生じる場合があり，その場合には直ちに柱の耐力が低下する．したがって，軸方向鉄筋が降伏に至る前に，柱が耐力を失う場合がある．このため，かぶりコンクリートが剥落しても，柱の軸方向鉄筋が座屈しないような配慮が必要となる．

部材に配置される補強筋のディテールは各種の示方書に規定されているが，これらは経験的な知見に基づくものも多い．これら施工上の注意事項のことを**構造細目**と呼んでいる．柱に配置される鉄筋の構造細目として最も重要なものは，柱には軸方向鉄筋の座屈防止のため，必ず**横方向鉄筋**を配置して，軸方向鉄筋を取り囲んで拘束し，座屈を防止しなければならないということである．

横方向鉄筋には図 4.3 に示すように様々な種類がある．

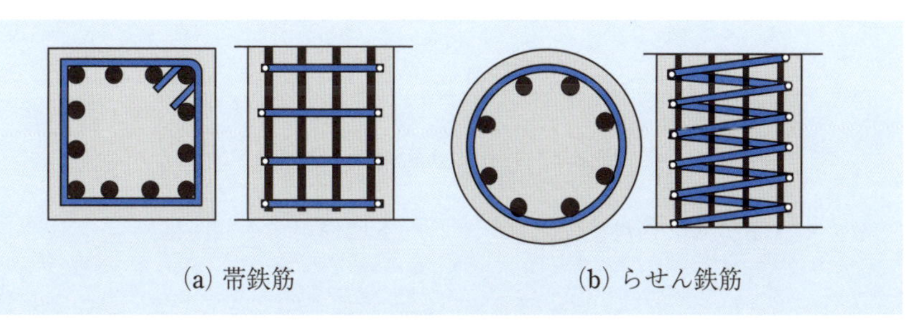

図 4.3　柱の横方向鉄筋の例

図 4.3(a) の**帯鉄筋**は，一般に長方形断面の柱に使用される．ズボンのベルトが人間の腹部を取り囲むように，帯鉄筋は軸方向鉄筋を取り囲むように配置され，端部は内部のコアコンクリートにしっかりと定着しておくことが肝要である．図 4.3 (b) の**らせん鉄筋**は，一般に円形断面の柱に使用される．この場合も，必ず軸方向鉄筋を取り囲むように配置しなければならない．最近では，耐震性向上の観点から，大型のコンクリート断面では，断面の周囲に沿って配置される帯鉄筋に加えて，断面内を横切る形で配置される**中間帯鉄筋**を配置することが規定されている．

4.4 らせん鉄筋柱の耐力

ピッチが細かく，連続して配置されているらせん鉄筋は，軸方向鉄筋の座屈防止のほか，柱の耐力自体をさらに高める働きがある．ポアソン効果により，コンクリートは軸方向の圧縮力を受けて縮むと同時に横に膨れ出すが，らせん鉄筋がこの膨張を拘束するため，コンクリートには半径方向の圧縮力が作用することになる．つまり，圧縮力を受けるらせん鉄筋柱では，コンクリートは3軸圧縮応力状態となっていると考えられる．

3軸圧縮されると，コンクリートの軸方向強度は飛躍的に増加することが知られている．ただし，かぶりコンクリートは拘束されていないので，最終的には，かぶりコンクリートは剥落していく．この場合の耐力を求めてみる．

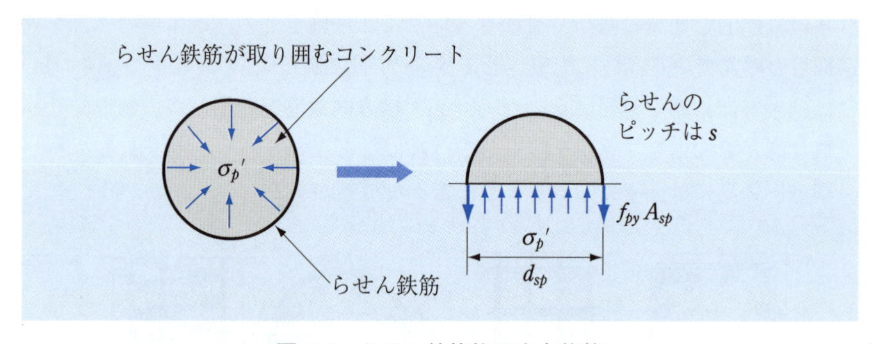

図4.4 らせん鉄筋柱の応力状態

らせん鉄筋が降伏した後に，コンクリートに作用する側圧は，

$$\sigma_p' = \frac{2f_{py}A_{sp}}{d_{sp}s} \tag{4.3}$$

ただし，

f_{py} ：らせん鉄筋の降伏強度

A_{sp} ：らせん鉄筋の断面積

d_{sp} ：らせん鉄筋が取り囲む円の直径

s ：らせん鉄筋の軸方向ピッチ

コンクリートの3軸圧縮強度 f_{c3}' は，例えばモール・クーロンの破壊規準に

したがうとすると，側圧 σ_p' のとき，以下のように書くことができる．

$$f_{c3}' = f_c' + m\sigma_p' \tag{4.4}$$

ただし，$m = f_c'/f_t$ で，f_t はコンクリートの引張強度である．式 (4.4) の f_{c3}' を式 (4.1) に代入する．

$$N_u' = 0.85(f_c' + m\sigma_p')A_n + f_y' A_{st} \tag{4.5}$$

ただし，A_n はらせん鉄筋が取り囲む面積（$= \pi {d_{sp}}^2/4$）であり，かぶりコンクリートはすでに剥離して，抵抗しないと仮定している．式 (4.5) に式 (4.3) の σ_p' を代入すると，

$$\begin{aligned} N_u' &= 0.85 f_c' A_n + f_y' A_{st} + 0.85 \frac{2m f_{py} A_{sp}}{d_{sp} s} \frac{\pi {d_{sp}}^2}{4} \\ &= 0.85 f_c' A_n + f_y' A_{st} + \frac{0.85\pi m d_{sp} f_{py} A_{sp}}{2s} \end{aligned} \tag{4.6}$$

式 (4.6) を簡単にするため，らせん鉄筋柱の軸方向（高さ方向）の単位長さに含まれる，らせん鉄筋の体積に等しい仮想の軸方向鉄筋を想定し，この断面積を A_{spe} とする．すなわち，

$$\begin{aligned} &\text{らせん鉄筋の体積} = A_{spe} s = A_{sp} \pi d_{sp} \\ &\therefore \quad A_{spe} = \frac{A_{sp} \pi d_{sp}}{s} \end{aligned} \tag{4.7}$$

これを式 (4.6) に代入すると，

$$N_u' = 0.85 f_c' A_n + f_y' A_{st} + k f_{py} A_{spe} \tag{4.8}$$

ただし，$k = 0.85m/2$ である．

$m = f_c'/f_t$ は通常のコンクリートであれば 10 程度である．したがって k は 4.25 程度となるが，らせん鉄筋による側圧が必ずしも均一には作用しないことを考慮し，土木学会のコンクリート標準示方書では，安全側に $k = 2.5$ とした設計式が規定されている．

4.5 長柱の耐力

4.5.1 はじめに

軸圧縮力 P，偏心量 e で，偏心載荷された柱には，曲げモーメント Pe が作用する．この曲げモーメントによって，柱には横方向変位（たわみ）$\varDelta$ が生じるが，そのたわみによってさらに付加的なモーメント $P\varDelta$ が生じる．このため，最大曲げモーメントは Pe から $P(e+\varDelta)$ に増加する．このことを **P–$\varDelta$ 効果**という．また，付加される曲げモーメントを**付加モーメント**，**2 次モーメント**などと称する．

従来，鉄筋コンクリート柱は，断面の横寸法に比較して高さはそれほど高くはなかった．このため，付加モーメントの影響を考慮することはまれであった．しかし，コンクリートが超高強度化し，断面積がそれほど大きくなくても重量物を支持できるようになってきたことや，高橋脚や超高橋脚，長大橋のコンクリート主塔の出現など，コンクリートであっても付加モーメントの影響を無視し得ないような構造物が次々に現れてきたことにより，コンクリート構造においても長柱の問題を考慮することが必要となってきた．

この付加モーメントの影響により，柱の耐力が，短柱としての耐力（＝断面としての耐力）よりも低下することになる．逆にいえば，断面に比較して，柱の高さが低いと横方向変位（たわみ）$\varDelta$ も小さいので，付加モーメントを無視できる．これが**短柱**である．

長い柱であっても，偏心距離 e が非常に大きい場合は，$e \gg \varDelta$ であり，はりとしての挙動に近づくので，付加モーメントの影響は無視できる．横方向変位は，柱端部での変位や回転の拘束条件（境界条件）により大きく変化するので，それに伴って付加モーメントの大きさも変化する．以上のように，長柱の耐力の問題は，コンクリート柱の断面や材料特性だけではなく，部材全体として考慮すべき問題であり，構造特性であるといえる．

ポイント

短柱は，断面形状と材料特性だけを考えて耐力を算定できる．しかし長柱は，断面形状・材料特性に加えて，柱の形状・寸法，荷重の偏心量，柱端部の拘束条件などを総合的に考慮しないと耐力を算定できない．

4.5.2　長柱の範囲（簡易的な判断手法）

土木学会のコンクリート標準示方書には，細長比 λ を用いた柱の判別方法が規定されている．すなわち，

$\lambda \leq 35$ を短柱

$\lambda > 35$ を長柱

としている．細長比 λ は以下のように定義される．

$$\lambda = \frac{l_e}{r} \tag{4.9}$$

ただし，

l_e：柱の有効長さ（＝弾性座屈長）

r：回転半径

例 1　長さ l の柱で，

両端ヒンジの場合：$l_e = l$

両端固定の場合：$l_e = \dfrac{l}{2}$

一端固定，他端自由：$l_e = 2l$　（図 4.5 参照）

回転半径：$r = \sqrt{\dfrac{I}{A_g}}$

（I：柱の断面 2 次モーメント，A_g：柱の総断面積）

□

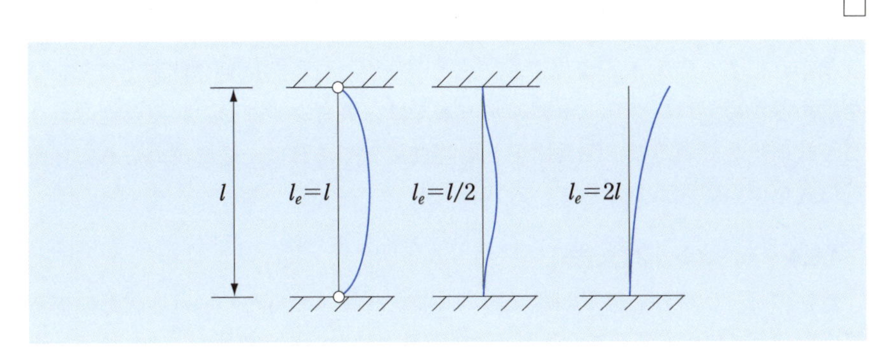

図 4.5　境界条件と柱の有効長さ

この方法は簡便であるが，細長比35でなぜ短柱と長柱を区分できるかという点に対しては，あまり物理的な根拠はない．コンクリート標準示方書によれば，長柱では，横方向変位の影響を考慮して，耐力を算定することと規定されている．

例2 1辺 a の正方形断面柱を考える．

$$I = \frac{a^4}{12}, \quad A_g = a^2$$

よって，

$$r = \frac{a}{\sqrt{12}}$$

両端ヒンジとすれば，

$$l_e = l = 35r = \frac{35a}{\sqrt{12}} \fallingdotseq 10a$$

両端固定とすれば，

$$l_e = \frac{l}{2} = 35r = \frac{35a}{\sqrt{12}} \to l \fallingdotseq 20a$$

非常に大まかにいえば，この程度が長柱と短柱の境界であるといえる． □

4.5.3 長柱の構造解析

柱の横方向変位（たわみ）Δ に影響する要因には様々なものがある．例えば，柱の形状・寸法（細長比），断面形状，荷重の偏心量，端部の拘束条件（境界条件），柱部材の曲げ剛性，不静定構造であれば，隣接部材との剛比，コンクリートのクリープ，乾燥収縮などである．部材断面の曲げ剛性は，コンクリートのひび割れによって大きく変化する．したがって，材料非線形の問題となる．Δ を求めるため，コンクリート標準示方書では，厳密な非線形の数値解析を行うことを推奨しているが，細長比が100程度以下であれば一般に認められている近似式を用いてもよいとしている．

4.5.4 モーメント拡大法

長柱の解析は材料非線形問題であるので，Δ を求めるためには非線形の構造解析を行う必要がある．このことは設計実務上はなかなか煩雑なことである．そのため，コンクリート標準示方書では，細長比が100程度までであれば Δ を求めるために近似式を用いてよいとなっているが，具体的な近似式は示されていない．

一方，米国コンクリート工学会（American Concrete Institute; ACI）の規準には，**モーメント拡大法**（Moment Magnifier Method）と呼ばれる簡便な方法が規定されている．

曲げと軸圧縮力を受けるRC断面の耐力の相互作用図（interaction diagram）を図4.6に示す．

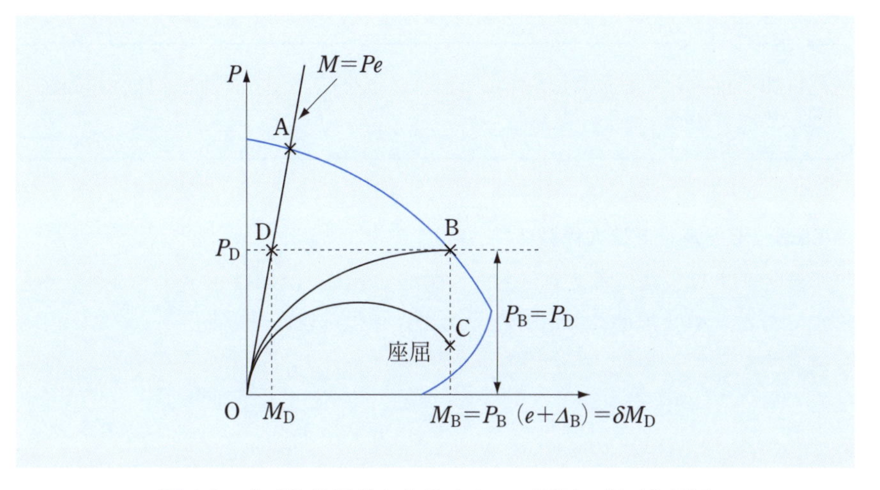

図 4.6　曲げと軸圧縮力を受けるRC断面の相互作用図

図4.6において，経路OAは偏心載荷された短柱に作用する軸圧縮力 P と曲げモーメント $M = Pe$ の関係を示している．短柱の場合，付加モーメントの影響は無視できるので，OAは直線となる．そして，OAが相互作用図と交わるA点で破壊が起こる．すでに述べた通り，短柱の耐力は断面形状と材料特性のみから決まる．

経路OBは偏心載荷された長柱に作用する P と M の関係を示している．長柱には付加モーメント（$M = P\Delta$）が加わり，当初のモーメント（$M = Pe$）よりも，次第に増加していく．柱の曲げ剛性は曲げモーメントの増加に伴うひび割れの発生により低下していくので，さらに横方向変位が増加する．この結果，OBは直線から離れていく．そして最終的にB点で相互作用図と交わり，破壊する．このとき，B点を作用軸圧縮力 P_{B} と作用曲げモーメント $M_{\mathrm{B}} = P_{\mathrm{B}}(e + \Delta_{\mathrm{B}})$

のもとでの短柱の破壊と考えるというのが，モーメント拡大法である．

経路 OC は，柱が極端に細長い場合の例であり，P–M 曲線が相互作用図に達する以前に不安定な破壊を迎えるものであり，この場合は，モーメント拡大法は適用できない．

図 4.6 の B 点に作用する曲げモーメント M_{B} を OA 上の D 点の曲げモーメント M_{D} の δ 倍として与える（モーメント拡大）．軸圧縮力は $P_{\mathrm{D}} = P_{\mathrm{B}}$ なので，設計荷重 $(P_{\mathrm{B}}, M_{\mathrm{B}}) = (P_{\mathrm{D}}, \delta M_{\mathrm{D}})$ に対して，短柱として設計すればよい．

ポイント

付加モーメントを考慮し，作用モーメントを拡大して評価し，短柱の問題として取り扱う．

4.5.5 モーメント拡大係数 δ

モーメント拡大法の考え方は非常に明解である．問題は δ をどのように与えるかである．ACI 規準には，次の式 (4.10) が規定されている．

$$\delta = \frac{C_m}{1 - \frac{P}{\phi P_{cr}}} \tag{4.10}$$

ただし，

P　：設計軸圧縮力

P_{cr}：オイラーの弾性座屈荷重

C_m：柱両端で，それぞれ作用モーメントが異なることを考慮する係数

ϕ　：耐力低減係数（設計上の安全係数）

式 (4.10) は理論的式展開を行った後，最終的に近似式として提案されたものである．

第5章

RC部材の曲げひび割れ幅

鉄筋コンクリート構造では，コンクリートにひび割れが発生することを許容しており，曲げ破壊モーメントの計算や曲げひび割れ発生後の鉄筋応力の計算では，コンクリートの引張抵抗を完全に無視している．コンクリートの引張抵抗を無視し必要とされる鉄筋で補強しておくという考え方は，終局耐力の観点からは全く問題はない．ただし，ひび割れ発生に伴うコンクリート構造物の耐久性や機能性の低下の問題あるいは美観の問題ではコンクリートのひび割れ幅の制御が必要となり，このためひび割れ幅を正確に予測することが求められる．本章では，コンクリートの曲げひび割れ幅を予測する手法を理解する．

5.1 はじめに

鉄筋コンクリートでは，通常，コンクリートの引張抵抗を無視し，発生する引張力に対して，すべて鉄筋で抵抗するように設計されている．このため，コンクリートのひび割れは，鉄筋コンクリート構造物の破壊には直結しない．コンクリートのひび割れが破壊に直結するのは，無筋コンクリートの場合である．ただし，鉄筋コンクリートであっても，コンクリートの引張抵抗を期待している場合もある．例えば，鉄筋の定着部，重ね継手部，せん断問題におけるコンクリートの貢献分（6章で説明される V_c）などはその例である．

鉄筋コンクリートはり部材における曲げひび割れについて考える．曲げを受ける鉄筋コンクリートはり部材の場合，使用荷重下では，ひび割れに対する検討（使用性に関する検討）を行う．ただし，これはあくまでも**使用限界状態**に対する検討であって，安全性に直結する**終局限界状態**に対する検討ではない．

鉄筋コンクリートの場合，過度のひび割れ幅は，通常，以下のような好ましくない状況を引き起こす．

(1) ひび割れを通しての水分や空気の侵入により，鉄筋の腐食を引き起こす．さらに鉄筋の体積膨張，かぶりコンクリートの剥落，鉄筋の腐食速度の増加により，耐久性が低下していく．
(2) 気密性・水密性を求められるコンクリート構造物では，過度のひび割れ幅の存在は，コンクリート構造物の機能の喪失につながる．
(3) コンクリート構造物に大きなひび割れが生じることは，美観や景観面からも望ましくない．また，周辺の住民に不安感を与える場合もある．

以上のように，コンクリート構造物に対しては，ひび割れの発生は許容するが過度なひび割れ幅は制限すべきであるという基本的な考え方が，広く認識されている．このことが，使用限界状態の検討にあたっての大きな根拠となっている．

5.2　ひび割れ幅の限界値

ひび割れ幅制御にあたっての基本的な考え方は，5.1 節で述べたように，ひび割れは発生させてもよいが，その幅をある範囲内に制御するというものである．したがって，ここまでは発生させてもよいというひび割れ幅をあらかじめ決めておく必要がある．コンクリート標準示方書では，これを**ひび割れ幅の限界値**とし，コンクリート表面のひび割れ幅の限界値をかぶり（c）の関数として与えている．ここでひび割れ幅の限界値をかぶりの関数として与えているのは，表面のひび割れ幅が同じであったとしても，かぶりの大きいほうが，鉄筋の腐食にとって有利であるという実験データに基づくものである．つまり，他の条件が同じ場合，かぶりの大小が鋼材の腐食に対する抵抗性を支配するということである．コンクリート標準示方書では，鉄筋腐食に対するひび割れ幅の限界値 w_a を式 (5.1) のように与えている．

$$w_a = 0.005c \tag{5.1}$$

ここに，c は鋼材のかぶり（mm）であり，100 mm 以下を標準としている．したがって，ひび割れ幅の限界値は $0.005 \times 100 = 0.5$ mm が上限となる．

ワンポイント用語解説

終局限界状態・使用限界状態：限界状態設計法では，コンクリート構造物が不都合となる状況（限界状態）を設定し，このような状態に至らないように設計を行う．終局限界状態は，コンクリート構造物の安全性に関して不都合となる限界状態であり，破壊に対応するものと考えればよい．使用限界状態は，コンクリート構造物の機能性，美観，耐久性などに関して不都合となる限界状態であり，様々な状況が考えられるが，ひび割れ幅の制御はその代表的な例である．

5.3 曲げひび割れ幅の予測手法

5.3.1 曲げひび割れ幅の予測式

ひび割れ幅の限界値が与えられれば，次は鉄筋コンクリート部材に発生する曲げひび割れ幅を予測し，これらを大小比較することにより，使用限界状態が満足されているかどうかを判定することになる．

本来は，あらゆる種類のひび割れに対して，同様の検討を行うことが理想である．しかし，曲げひび割れ以外では，温度ひび割れの予測式に理論的なものが見られる程度であり，まだほとんどが経験的な式に留まっている．したがって，ここでは鉄筋コンクリートはりの曲げひび割れを対象に，ひび割れ幅の予測式を説明する．

鉄筋コンクリートはりに曲げモーメントが作用すると，はりには曲げ応力が生じ，曲げ引張縁応力がコンクリートの曲げ強度を超えると，そこから曲げひび割れが発生する．ひび割れ発生以後は，コンクリートが負担していた引張応力を鉄筋が負担する．ひび割れ間のコンクリートは，鋼材との付着により引張に抵抗するので，作用する曲げモーメントの増加に伴ってひび割れ間のコンクリートの引張応力も増加し，ひび割れ間に新たなひび割れが発生する．このようにして，ひび割れ本数が増加し，ひび割れ間隔が減少していく．しかし，ある程度のひび割れ本数に達すると，付着応力を伝達する長さが十分ではなくなるので，コンクリートの引張応力はそれ以上増加することができず，このため新たなひび割れは発生しなくなる．

このとき，鉄筋コンクリートはりの曲げ引張側は，ひび割れに関して安定した状態となる．この状態の鉄筋コンクリートはりの曲げ引張側に着目すると，それは軸引張力を受ける鉄筋コンクリート棒部材の状況と等価な状況になっていると見なすことができる．そこで，軸引張力を受けて，ひび割れを生じた鉄筋コンクリート棒部材を考える（図5.1）．

ここで，ひび割れ間隔を l とする．ひび割れ間の中央断面における力の釣合から以下の関係を得る．

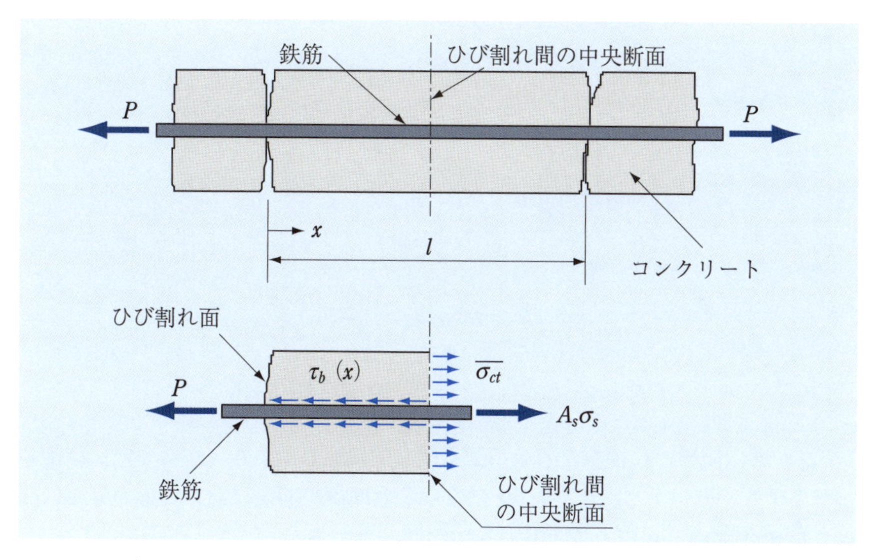

図 5.1　軸引張力を受けてひび割れた鉄筋コンクリート棒部材

$$P = A_s\sigma_s + A_e\overline{\sigma_{ct}} \tag{5.2}$$

$$P - A_s\sigma_s = \int_0^{l/2} \tau_b(x)U dx \tag{5.3}$$

$$\int_0^{l/2} \tau_b(x)U dx = \overline{\tau_b}\, U\frac{l}{2} = A_e\overline{\sigma_{ct}} \tag{5.4}$$

ただし,

$\overline{\tau_b}$ ：隣接するひび割れ間の平均付着応力

l ：ひび割れ間隔

U ：鉄筋の周長

A_e ：かぶりコンクリートの有効断面積

$\overline{\sigma_{ct}}$ ：ひび割れ間の中央断面におけるコンクリートの平均引張応力

鉄筋の引張力 P と平均付着応力 $\overline{\tau_b}$ の関係を実験的に調べた結果，$\overline{\tau_b}$ には極大値が存在することが明らかとなった．この $\overline{\tau_b} = \overline{\tau_{b.\max}}$ の点で，ひび割れ間隔 l は安定となる（図 5.2）．

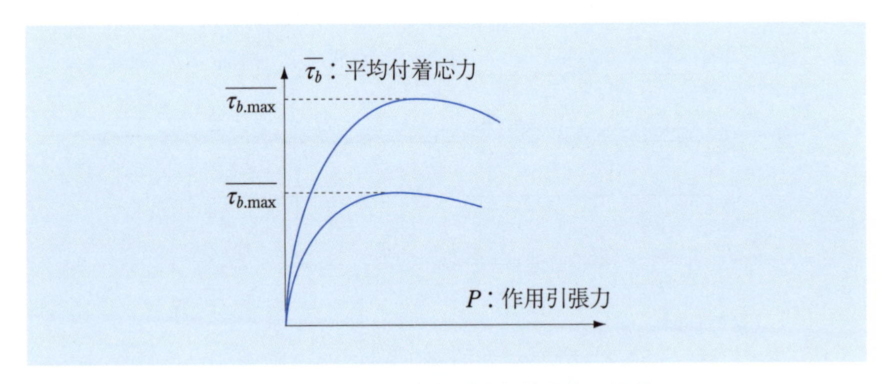

図 5.2　作用引張力と平均付着応力の関係

$\overline{\sigma_{ct}}$ がある限界値に達したとき，例えば kf_t に達したときに，新しいひび割れが発生すると仮定する．ただし，k はひび割れ間中央断面における応力分布に関する係数であり，f_t はコンクリートの引張強度である．

したがって，ひび割れの発生が安定するひび割れ間隔を l_{st} とすると，

$$l_{st} = \frac{2kf_tA_e}{\overline{\tau_{b.\max}}\,U} \tag{5.5}$$

なお，2本以上の鉄筋が配置されているときは，A_e は鋼材全体の図心位置から定めればよい（図5.3）．

簡単のため，最大平均付着応力 $\overline{\tau_{b.\max}}$ がコンクリートの引張強度 f_t に比例

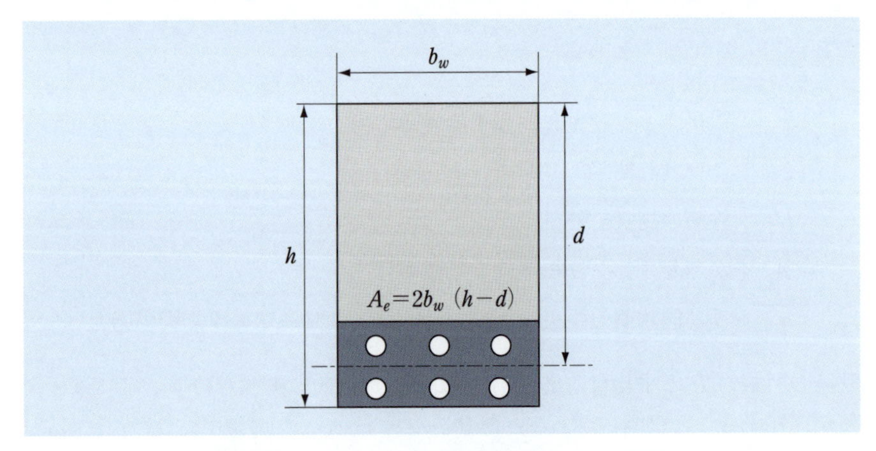

図 5.3　コンクリートの有効断面積 A_e の定義

すると仮定すると，

$$\overline{\tau_{b.\max}} = k_1 f_t \tag{5.6}$$

ただし，

k_1：付着特性を表す係数

式 (5.6) を式 (5.5) に代入し，鉄筋とコンクリートの有効断面積 A_e の比 p_e を用いると，

$$l_{st} = k_2 \frac{\phi}{p_e} \tag{5.7}$$

ただし，

k_2：付着特性と応力分布に関する係数

ϕ　：鉄筋径

式 (5.7) は Saliger により提案されたものである．しかし，その後の研究で，式 (5.7) は鉄筋コンクリート曲げ部材に対して適合性に欠けることがわかってきた．北海道大学の角田教授（現在は名誉教授）は，$\overline{\tau_{b.\max}}$ はコンクリートの引張強度 f_t だけでなく，鉄筋径 ϕ，コンクリートの有効断面積 A_e，およびかぶり c にも依存すると考え，式 (5.6) に代わって，式 (5.8) を提案した．

$$\overline{\tau_{b.\max}} = k_3 f_t \frac{A_e}{c\phi} \tag{5.8}$$

ここに，k_3 は付着特性等に関する係数である．式 (5.8) を式 (5.5) に代入すると，

$$l_{st} = k_4 c \tag{5.9}$$

ただし，

k_4：付着特性と応力分布に関する係数

異形鉄筋 D16～D32 に対しては，$k_4 = 5.4$ 程度である．鉄筋本数が 2 本以上の場合は，鉄筋の純間隔 e_s を考慮し，式 (5.9) は次のように修正される．

$$l_{st} = \frac{k_4 c}{1.45}\left(1 + 0.18\frac{e_s}{c}\right) \tag{5.10}$$

これで，ひび割れ間隔を評価することができる．続いて，ひび割れ幅 w を算定するには，以下の関係を用いる（図 5.4）．

$$w = (\overline{\varepsilon_s} - \overline{\varepsilon_c}) \cdot l \tag{5.11}$$

ただし，

$\overline{\varepsilon_s}$：ひび割れ間の鉄筋の平均引張ひずみ

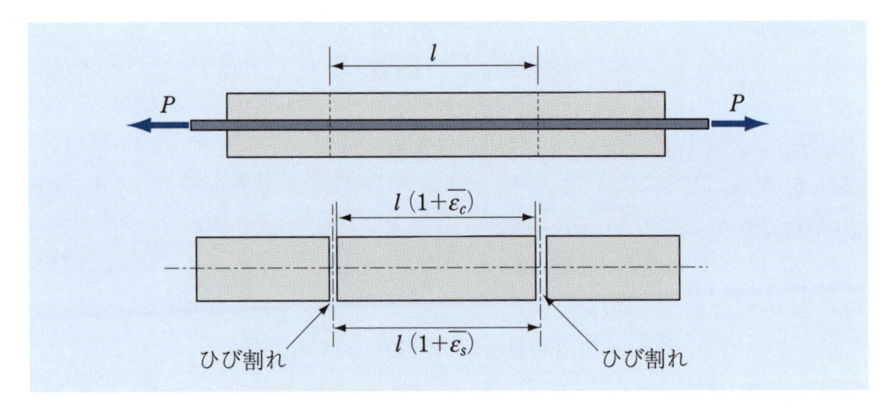

図 5.4 ひび割れ幅算定の考え方

$\overline{\varepsilon_c}$ ：ひび割れ間のコンクリートの平均引張ひずみ

l ：ひび割れ間隔

ひび割れ間のコンクリートの平均引張ひずみ $\overline{\varepsilon_c}$ は，2つの成分に分けられる．

$$\overline{\varepsilon_c} = \overline{\varepsilon_{ce}} - \varepsilon_{cs}{}' \tag{5.12}$$

ただし，

$\overline{\varepsilon_{ce}}$ ：作用引張力によるコンクリートの平均引張ひずみ

$\varepsilon_{cs}{}'$ ：乾燥収縮・クリープによる圧縮ひずみ

ひび割れ間の鉄筋の平均引張ひずみ $\overline{\varepsilon_s}$ は，

$$\overline{\varepsilon_s} = \frac{\sigma_s}{E_s} - \frac{\overline{\sigma_t}}{E_s p_e} \tag{5.13}$$

ただし，

σ_s ：ひび割れ位置での鉄筋応力

E_s ：鉄筋のヤング係数

$\overline{\sigma_t}$ ：ひび割れ間のコンクリートの平均引張応力

$$= \begin{cases} 0.4f & \text{(temporary load)} \\ 0 & \text{(permanent load)} \\ \pm 0.2 f_t & \text{(cyclic load)} \end{cases}$$

$\overline{\sigma_t}$ は付着によるテンションスティフニング効果と考えてよい．一般に，式 (5.12) の $\overline{\varepsilon_{ce}}$ は他の成分に比較して無視しうる．よって，式 (5.10)〜(5.13) より，

$$
\begin{aligned}
w_{\max} &= (\overline{\varepsilon_s} - \overline{\varepsilon_c}) \cdot l_{st} \\
&= \frac{5.4c}{1.45}\left(1 + 0.18\frac{e_s}{c}\right)\left(\frac{\sigma_s}{E_s} - \frac{\overline{\sigma_t}}{E_s p_e} + \varepsilon_{cs}{}'\right)
\end{aligned} \tag{5.14}
$$

5.3.2 【参考】曲げひび割れ算定のための設計式

コンクリート標準示方書には，以下の式が規定されている．

$$
w = 1.1 k_1 k_2 k_3 \{4c + 0.7(c_s - \phi)\}\left(\frac{\sigma_{se}}{E_s} + \varepsilon_{csd}{}'\right) \tag{5.15}
$$

ただし，

k_1　：鉄筋の表面形状による付着特性が表面ひび割れ幅に及ぼす影響を表す係数で，異形鉄筋は 1.0，丸鋼・PC 鋼材は 1.3

k_2　：コンクリートの品質がひび割れ幅に及ぼす影響を表す係数で，式 (5.16) による

$$
k_2 = \frac{15}{f_c{}' + 20} + 0.7 \tag{5.16}
$$

ここに，$f_c{}'$：コンクリートの圧縮強度（$\mathrm{N/mm^2}$）

k_3　：引張鉄筋の配置段数の影響を表す係数で，式 (5.17) による

$$
k_3 = \frac{5(n + 2)}{7n + 8} \tag{5.17}
$$

ここに，n：引張鉄筋の配置段数

c　：かぶり（mm）

c_s　：鋼材の中心間隔（mm）

ϕ　：鉄筋径（mm）

$\varepsilon_{csd}{}'$：コンクリートの収縮およびクリープ等によるひび割れ幅の増加を考慮する数値であり，標準的な値として，表 5.1 に示す値を用いてよい

表 5.1　収縮およびクリープ等の影響によるひび割れ幅の増加を考慮する数値

環境条件	常時乾燥環境（雨水の影響を受けない桁下面など）	乾湿繰返し環境（桁下面，海岸や川の水面に近く湿度が高い環境など）	常時湿潤環境（土中部材など）
自重でひび割れが発生（材齢 30 日を想定）する部材	450×10^{-6}	250×10^{-6}	100×10^{-6}
永続作用時にひび割れが発生（材齢 100 日を想定）する部材	350×10^{-6}	200×10^{-6}	100×10^{-6}
変動作用時にひび割れが発生（材齢 200 日を想定）する部材	300×10^{-6}	150×10^{-6}	100×10^{-6}

5.3.3　曲げひび割れ計算時の基本仮定

曲げひび割れの計算を行う際は，コンクリートは圧縮に対して弾性体，鉄筋は弾性体，としてよい．平面保持と完全付着は当然仮定してよい．また，コンクリートの引張抵抗は無視してよい．

第6章

せん断力を受けるRC部材の挙動

コンクリート構造物のせん断破壊は，曲げ破壊とは異なって，脆性的な破壊形態であることから，従来からコンクリート構造分野の重要な研究テーマとなっている．ただし，現在でもなお，変形の適合条件を考慮した理論的な体系化には至っていない．ここでは，せん断補強されていないRCはりの斜め引張破壊からはじめて，トラス理論，修正トラス理論，斜め圧縮破壊のそれぞれについて，基礎的な部分を理解し，鉄筋コンクリート棒部材のせん断耐力を評価する方法を理解する．

6.1　せん断力を受けるRC部材に発生するひび割れ

様々な種類のコンクリート構造物が荷重を受ける状況を考えてみよう．例えば，はりや壁，コーベル（短い片持ちばり）などが図6.1のような荷重を受けたとき，どのようなひび割れが発生するだろうか．

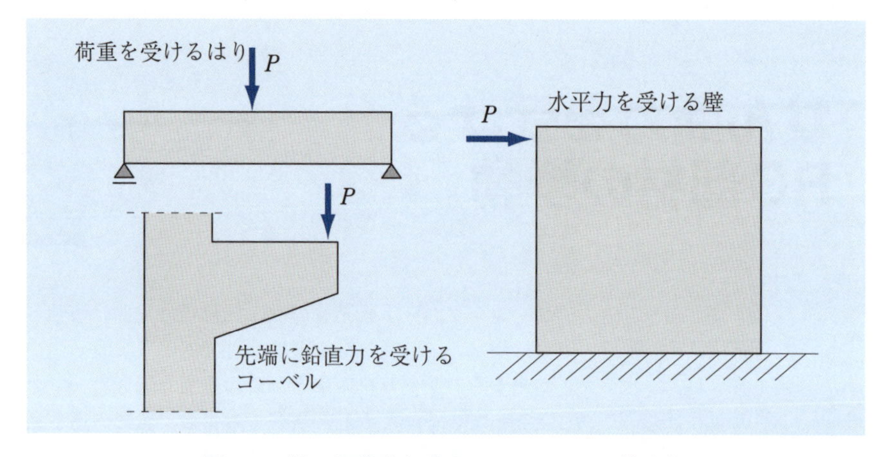

図6.1　様々な荷重を受けるコンクリート構造物

曲げモーメントから生じる曲げ引張応力によって，コンクリート構造物には曲げひび割れが生じる．これらのひび割れは曲げ引張応力と直角の方向に発生する．しかし，コンクリート構造物には，曲げひび割れの他に，**せん断ひび割れ**も生じる．せん断ひび割れはその形態から**斜めひび割れ**と呼ばれることもある．このせん断ひび割れの発生を予測するには，荷重を受けるコンクリート部材の応力状態を考える必要がある．例えば，図6.2に示すRCはり部材中のコンクリート要素の応力状態を考える．

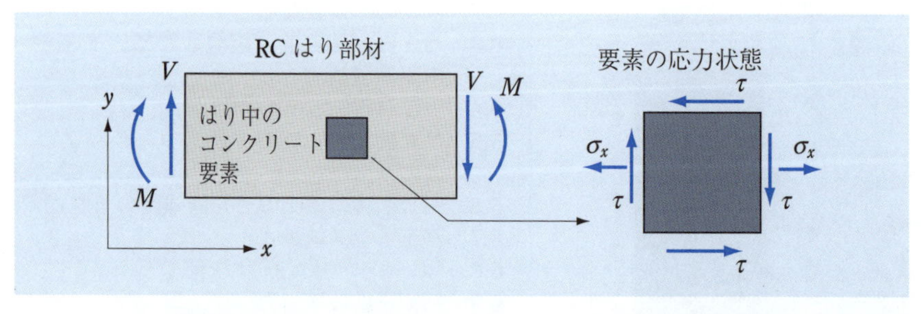

図6.2　RCはり部材中のコンクリート要素の応力状態

RC はり中の要素には，曲げモーメント M から生じる直応力 σ_x とせん断力 V から生じるせん断応力 τ が作用している．これらの応力の大きさは，座標系のとり方に依存する．連続体としてのコンクリートにひび割れが発生するのは，外力から生じる主引張応力 σ_1 がコンクリートの引張強度 f_t に達したときである．図 6.3 に，コンクリート要素に作用する応力状態とそれを座標変換した主応力，ならびにモールの応力円を示す．

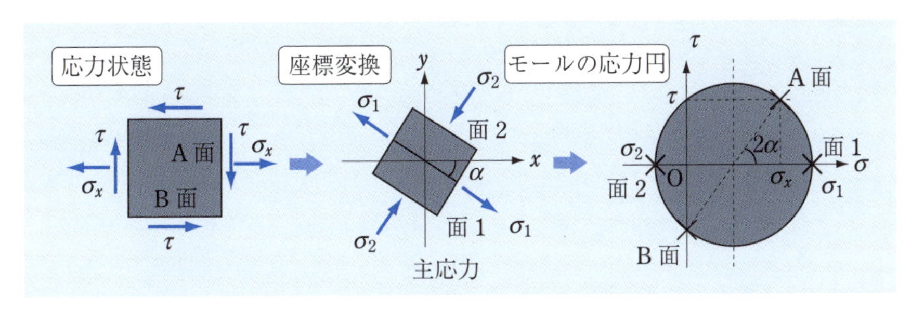

図 6.3 応力の座標変換とモールの応力円

ただし，直応力 σ は，正の面に作用する正方向の応力を正，負の面に作用する負方向の応力を正とする．また，せん断応力 τ は時計回りのモーメントを形成する応力を正とする．A 面，B 面の応力成分を直径の両端とする円がモールの応力円となる．モール円から，2 つの主応力が求まる．モール円上では，角度が実際の 2 倍となって現れてくる．コンクリートに生じるひび割れが主応力 σ_1 に直交するということは，ひび割れは σ_2 に平行であると考えることもできる．

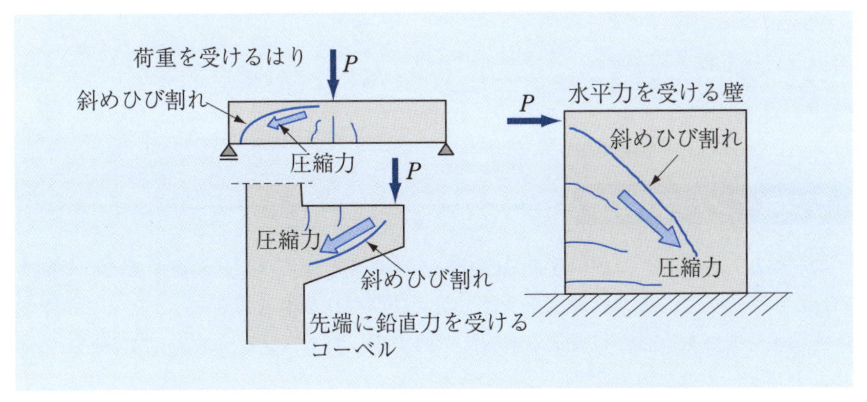

図 6.4 コンクリート部材中の斜めひび割れの模式図

したがって，コンクリート部材中で圧縮力がどのように流れているかを直感的に判断すれば，発生するひび割れの方向を容易に予測できる．

図6.4は図6.1に示した様々な荷重を受けるコンクリート構造物に対してどのように斜めひび割れが生じるかを示した模式図であるが，作用する荷重によって部材中にどのように圧縮力が伝わっていくかを考えると，斜めひび割れの発生状況を推測しやすい．

ワンポイント用語解説

コーベル（corbel）：短い片持ちばりのこと．せん断スパンと柱前面での有効高さの比が小さいので，先端に荷重を受けて斜めひび割れが生じてもタイドアーチ的な耐荷機構が形成され，さらに荷重の増加に抵抗する．ディープビーム（p.74参照）と同じカテゴリーの部材と考えることができる．

6.2　せん断ひび割れが生じたコンクリート部材の耐荷機構

せん断ひび割れ（斜めひび割れ）が生じた後のコンクリート部材では，どのように力の釣合が保たれているのであろうか．せん断ひび割れが生じたRCはりを想定し，これからその一部分（**フリーボディ**）を取り出して，力の釣合を考えてみることにする．

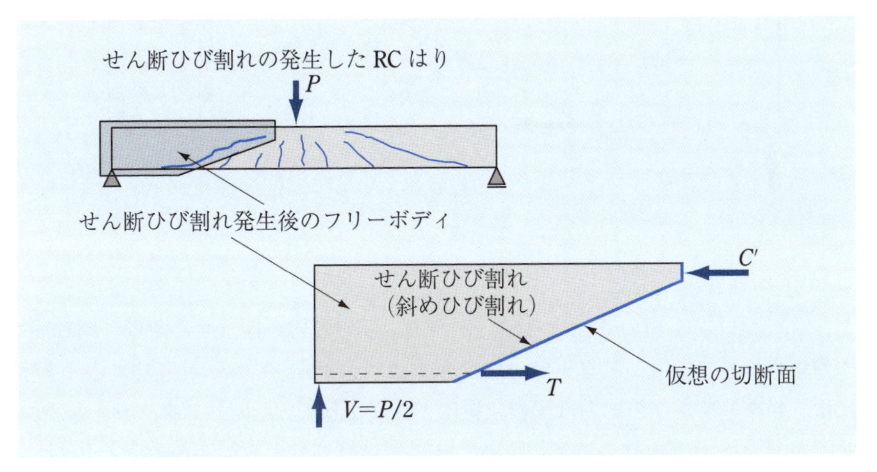

図 6.5　せん断ひび割れの発生したRCはりとフリーボディ

図6.5に示すように，フリーボディに作用する外力（表面力）は，支点反力としての V のみである．せん断ひび割れに沿う仮想の切断面（ここでは実際のせん断ひび割れ面を直線にモデル化している）には，水平方向の部材抵抗力（内力）として，コンクリートの曲げ圧縮力 C' と鉄筋の引張力 T が作用し，釣り合っている．しかし，これだけでは，垂直方向の力の釣合が保持できない．垂直方向の力の釣合を満たすためには，垂直方向の抵抗力（内力）の存在が必須となる．

このためには，垂直方向の抵抗力を与えるような補強材を配置すればよい．これを**せん断補強鉄筋**という．はりの場合は特に**スターラップ**（stirrup）という．stirrupは乗馬に用いる「あぶみ」の意味であり，建築分野では「あばら筋」と呼ばれるが，いずれもその形状に由来している．

6.3 せん断補強鉄筋が配置されている場合の耐荷機構

RCはりに垂直なせん断補強鉄筋が配置されている場合の抵抗機構について考えてみよう.

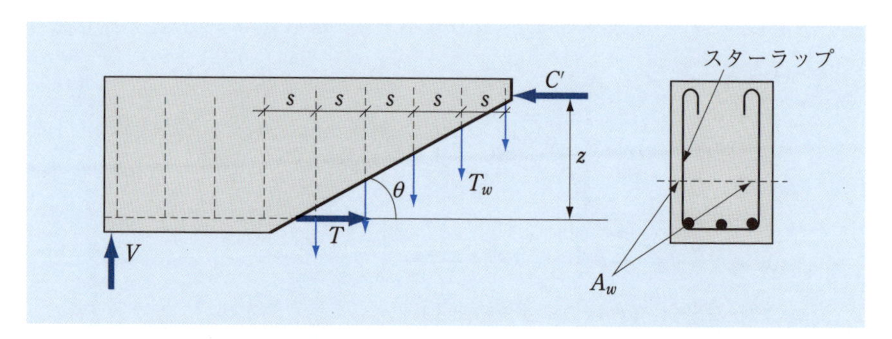

図6.6 垂直なスターラップが配置されている際の耐荷機構

スターラップ1組の断面積を A_w とする. 仮想の切断面（せん断ひび割れ面）の傾斜角は θ であり, スターラップの応力はすべて σ_w であると仮定する. 実際には, スターラップの応力は配置位置により異なり, また同じスターラップでもその着目する上下方向の位置により, せん断ひび割れからの距離が異なるので, 応力は一定ではない. しかしここでは, 簡単のため, このように仮定している. したがって, スターラップ1組の受け持つ引張力は $T_w = A_w \sigma_w$ となる. 切断面を横切るスターラップの本数は, $n = (z \cot\theta)/s$ である. 力の釣合条件より,

$$V = T_w n = A_w \sigma_w n = A_w \sigma_w \frac{z \cot\theta}{s} \tag{6.1}$$

式(6.1)は作用するせん断力 V とスターラップの平均応力 σ_w の関係を表している. 1.1節で述べた基本3条件に照らして考えると, 力の釣合条件と材料の応力–ひずみ関係（例えばスターラップが弾性状態か降伏しているか）が考慮されている. では, 変形の適合条件はどうなっているのだろうか. θ はせん断ひび割れの傾斜角であるが, これは後述のようにはりのウェブ部分に作用する斜め圧縮力の傾斜角と考えることもできる. したがって, θ を適切に評価できれば, 変形の適合条件が満足されるはずである.

しかしながらRCはり内部の力の流れは, ここで仮定されるように, 実際には一様ではない. したがって, RCはり全体を1つの θ で表現することには無理がある．ここに，せん断の問題をマクロ的に取り扱う際の困難さがある．土木の分野では，θ に対する簡単化を行って，変形の適合条件を陽な形で考慮しない簡易的な方法が採用されている．

例えば，$\theta = 45°$ と仮定すると，式 (6.1) は

$$V = A_w \sigma_w \frac{z}{s}$$

とさらに簡単になる．z は応力中心間距離であるが，通常の場合は $z = 7d/8$ 程度としてよい．

例題 6.1

スターラップが傾斜している場合はどのような釣合式となるか．

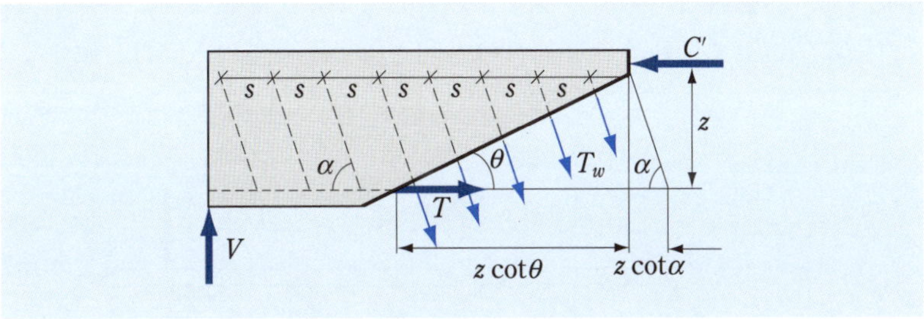

図 6.7　斜めスターラップの場合

【解答】　仮想の切断面に含まれるスターラップは，その傾斜角が α なので，

$$n = \frac{z\cot\theta + z\cot\alpha}{s}$$

スターラップの全引張力は，1 組あたりの引張応力を σ_w とすると，

$$T_w n = A_w \sigma_w n = A_w \sigma_w \frac{z\cot\theta + z\cot\alpha}{s}$$

垂直方向の力の釣合から，

$$\begin{aligned} V &= A_w \sigma_w n \sin\alpha \\ &= A_w \sigma_w \frac{z\cot\theta + z\cot\alpha}{s} \sin\alpha \end{aligned}$$

スターラップが垂直であれば，$\alpha = 90°$ となるので，

$$\begin{aligned} V &= A_w \sigma_w \frac{z\cot\theta + z\cot\alpha}{s} \sin\alpha \\ &= A_w \sigma_w \frac{z\cot\theta}{s} \end{aligned}$$

となって，先の結果に一致する．■

6.4 トラス理論とその問題点

せん断補強されたコンクリート部材の抵抗機構は，せん断ひび割れ発生後のフリーボディの力の釣合を考慮することにより，式(6.1)で評価できた．しかし，この抵抗機構は，連続体であるRCはりの中に離散的なトラス機構を考えることによっても求めることができる．したがって，式(6.1)は通常，**トラス理論式**と呼ばれている．このトラスモデルは19世紀の終わりにスイスのRitterとドイツのMörschによって提唱された．

図6.8に示すように，はりの中に仮想のトラスを考える．このトラスの圧縮弦材は曲げ圧縮部のコンクリート，圧縮斜材はウェブコンクリート，引張弦材は引張鉄筋，引張腹材はスターラップを表している．なお，ウェブコンクリートは引張に抵抗せず，斜めひび割れの方向と斜め圧縮力の方向は一致すると仮定している．式(6.1)はこの離散的な仮定に基づいても求めることができる．

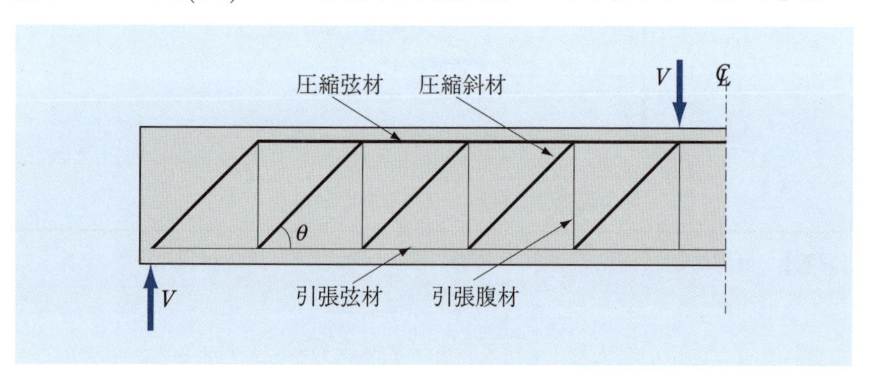

図6.8　トラスモデル

式(6.1)のθを45°と仮定すると，さらに簡単になる（式(6.2)）．

$$
\begin{aligned}
V &= A_w \sigma_w n \\
&= A_w \sigma_w \frac{z \cot \theta}{s} \\
&= A_w \sigma_w \frac{z \cot 45^\circ}{s} \\
&= A_w \sigma_w \frac{z}{s}
\end{aligned}
\tag{6.2}
$$

式 (6.2) は古典的トラス理論式と呼ばれている．スターラップが降伏する場合をひとつの限界状態と考えると，スターラップ降伏に対応する抵抗力は，$\sigma_w = f_{wy}$ より，

$$V_y = A_w f_{wy} \frac{z}{s} \tag{6.3}$$

で与えられる．ここで，f_{wy} はスターラップの降伏強度である．$\theta = 45^\circ$ という仮定は，弾性理論に基づくはりの中立軸位置での主応力方向とは一致するが，現実には RC はり内部の複雑な変形の適合条件を考慮したものではなく，これが古典的トラス理論の最大の欠点となっている．

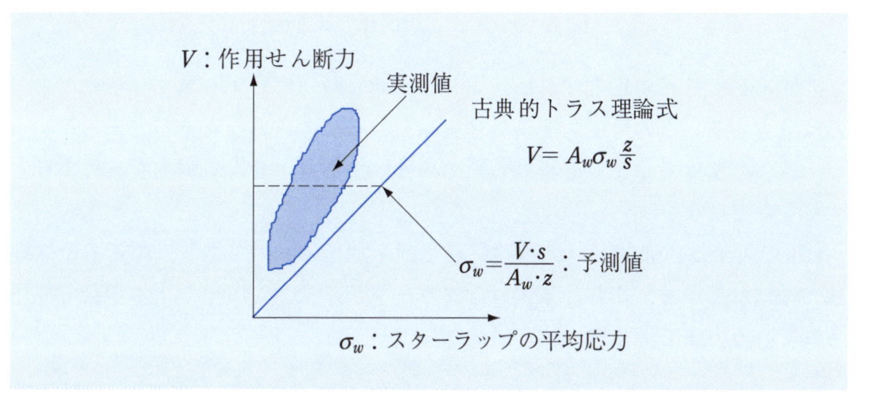

図 6.9　スターラップの平均応力の予測値と実測値の模式図

図 6.9 は，RC はりにせん断力 V が作用したときのスターラップの平均応力の古典的トラス理論による予測値と実測値の関係を模式的に示したものである．古典的トラス理論は簡便で明快であるが，スターラップの応力を予測する精度は高くなく，スターラップの応力を過大に評価することが明らかになっている．この原因は，本来は変形の適合条件から定めるべき θ の値を 45° と簡易に定めていることによる．したがって，予測精度を向上させる方策として，(a) θ の値を 45° に固定しない，あるいは (b) 補正項を加える，ことなどが考えられる．

(a) の対策は「可変角トラス理論」と呼ばれ，欧州諸国で採用されている考え方である．

$$V = A_w \sigma_w \frac{z \cot\theta}{s} \tag{6.4}$$

つまり，θ の値を固定しないで，ある範囲内で自由に選ぶ．そして，その θ の値に対して，スターラップあるいは軸方向鉄筋が降伏することを前提に設計を進めるという考え方である．

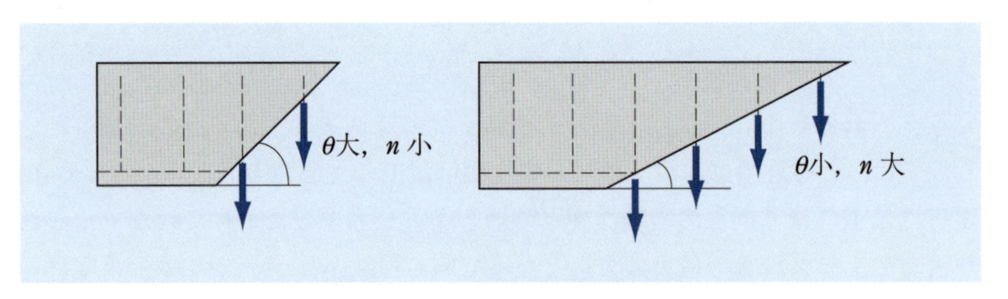

図 6.10 θ と n の関係の概念図

θ が減少して n が増加すれば，同じ作用せん断力に対するスターラップの応力は減少する．この可変角トラス理論は，ひとつの有力な考え方である．しかし，この方法はあくまでも設計のための便法であり，せん断耐力を求めようとするものではない．

(b) の対策は古典的トラス理論に補正項を加えるものであり，**修正トラス理論**と呼ばれている．これは米国コンクリート工学会（ACI）や土木学会で採用されている方法である．

$$V = V_c + V_s = V_c + A_w \sigma_w \frac{z}{s} \tag{6.5}$$

つまり，$\theta = 45^\circ$ の仮定を設けたまま，補正項 V_c を加えている．修正トラス理論では，したがって，この補正項の物理的な意味が問題となる．

6.5 せん断抵抗に寄与するスターラップ以外のメカニズム

スターラップのないRCはりにせん断力を作用させたとき，RCはりは直ちにせん断破壊するであろうか．実際にはそのようなことはあり得ないことが経験的にわかっている．であるとすれば，スターラップ以外に垂直方向の力の釣合に貢献するものが存在するはずである．これは一体何であろうか．そこで，図6.11のように，せん断ひび割れが発生したRCはりのフリーボディを考えてみる．

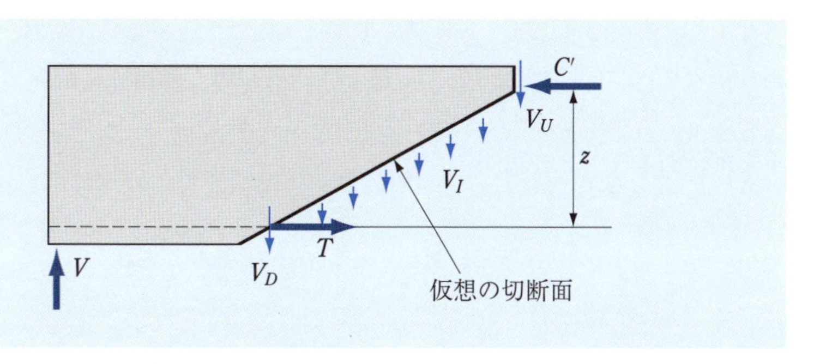

図 6.11　せん断ひび割れが発生したRCはりのフリーボディ

図6.11において，はりの上面，左側面には何の力も作用していない．下面には支点反力の V が作用している．仮想の切断面には曲げ圧縮力 C' と引張鉄筋の引張力 T が水平方向に作用しており，この C' と T は釣り合っている．問題は V に釣り合う垂直方向の力の存在である．V に釣り合う力が存在するとすれば，はりの表面ではなく，仮想の切断面をおいて他にはない．

仮想の切断面に存在する力として従来より考えられているのは，以下の(1)〜(3)の3通りの力である（図6.11）．

(1)　まだひび割れていない曲げ圧縮部のコンクリート部分の直接的なせん断抵抗：V_U

この部分の抵抗力は，コンクリートのせん断剛性 G_c に依存する．せん断剛性はヤング係数 E_c に比例し，ヤング係数はコンクリート圧縮強度 ${f_c}'$ と正の相関があるので，結局，${f_c}'$ が高いものほど，V_U が大きくなると考えられる．また，軸方向鉄筋比（$p_w = A_s/(b_w d)$）が大きく中立軸位置が深いほど曲げ圧縮域の面積が大きくなるので，V_U が大きくなると考えられる．

(2) 軸方向鉄筋の**ダウエル作用**（dowel action）：V_D

鉄筋は，通常の場合，軸方向にのみ抵抗すると仮定される．しかし，鉄筋であっても，ごく短い間隔で支持されて曲げを受ければ，十分に曲げに抵抗できるはずである．したがって，ひび割れ幅に依存するものの，鉄筋比 p_w が大きいほど，局所的な曲げ抵抗であるダウエル抵抗力は大きくなる．なお，せん断ひび割れ幅の拡大は，これを拘束する軸方向鉄筋の軸方向剛性に関係している．したがって，鉄筋比 p_w が大きいものほど，せん断ひび割れは拡大しにくく，ダウエル抵抗力も大きくなる．

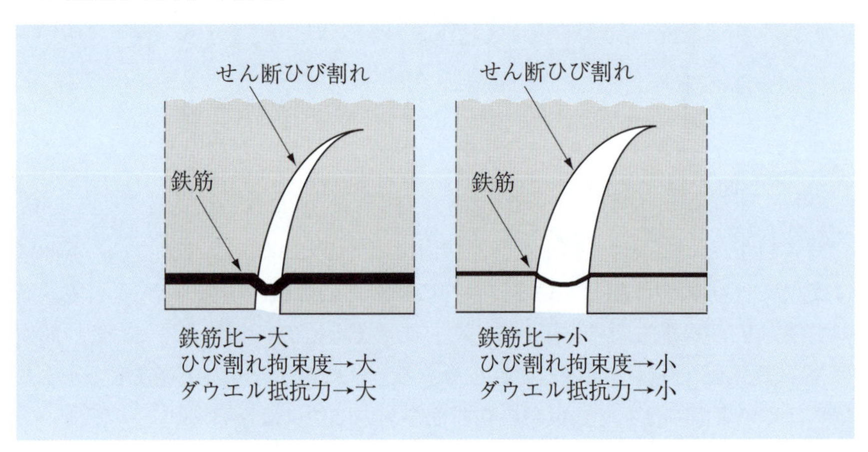

図 6.12　鉄筋比とダウエル抵抗力の模式図

(3) せん断ひび割れ面に沿った骨材のかみ合わせ抵抗（interlocking action）：V_I

せん断ひび割れ面は，実際には平面ではなくて，微妙な凹凸を伴う曲面である．これが粗骨材と交わると，骨材のかみ合わせ抵抗が期待できる．この抵抗は，骨材が堅硬であれば，骨材の寸法が大きいほど，またせん断ひび割れ幅が小さいほど，大きいはずである．ただし，粗骨材の最大寸法は，通常のレディーミクストコンクリート（生コンクリート）を使用する場合，コンクリート部材の寸法に依存せず，変化しないのが普通である．したがって，ひび割れの形状が幾何学的に相似であるなら，断面高さ d の高いほうが，ひび割れ界面が相対的に滑らかとなり，そこでのかみ合わせ抵抗が小さくなると予測できる（図 6.13）．

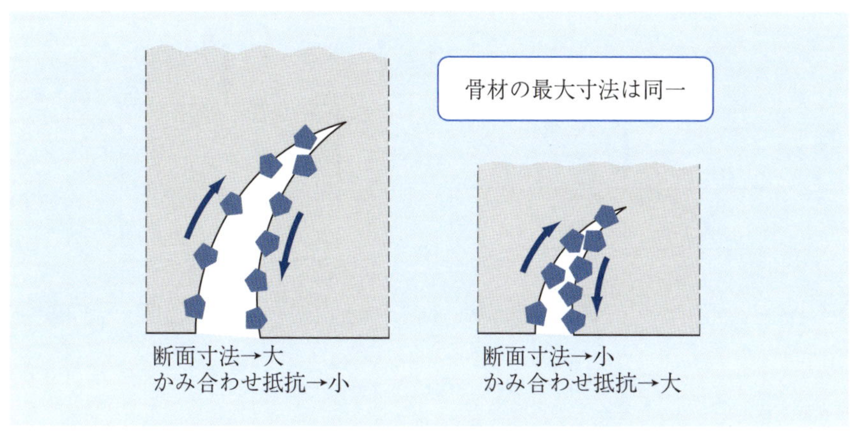

図 6.13 断面高さとかみ合わせ抵抗力の模式図

以上の定性的な考察の結果，せん断ひび割れ面におけるせん断抵抗は，

$$f_c{}' \to 大,\quad p_w \to 大,\quad d \to 小$$

となるほど大きくなると推測される．

(4) 破壊モードに関する実験的な知見

せん断ひび割れ面において，せん断抵抗に関係すると予想される要因が以上のように抽出された．しかし，このほかに重要な指標として，せん断スパンと有効高さの比（a/d）を考える必要がある．RC はりのせん断破壊は，a/d が 2.5 程度以上の形状が比較的スレンダーな場合の破壊と，a/d が 1.0 程度以下のディープビームといわれる領域の破壊で，大きく異なる．それはせん断補強のない場合に顕著で，スレンダーなはり（スレンダービーム）では，せん断ひび割れが発生すると直ちにはり上縁まで進展し，**斜め引張破壊**という急激で脆性的な破壊が生じる．一方，ディープビームでは，せん断ひび割れが発生しても直ちに進展することはなく，タイドアーチ的な耐荷機構を形成して，さらに荷重の増加に抵抗する．a/d が 1.0 から 2.5 程度のショートビームといわれる領域では，

スレンダービームとディープビームの中間的な挙動を示す.

ここまで考察してきたのはスレンダーなはりに対してであり，したがって，破壊形態を限定するため，a/d の指標を考慮しておくことが必要となる.

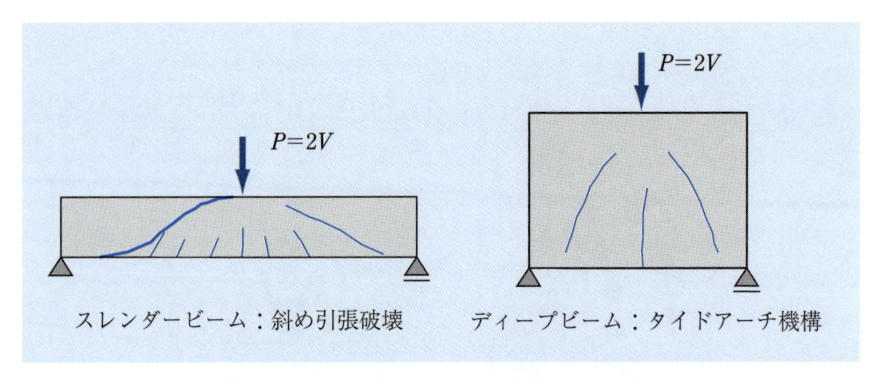

図 6.14　a/d の変化に伴う破壊形態の変化

ワンポイント用語解説

ディープビーム（deep beam）：せん断スパンと有効高さの比が 1.0 程度以下の短いはりのこと．斜めひび割れが生じても部材内部にタイドアーチ的な耐荷機構が形成されるので，さらに荷重の増加に抵抗する．通常のはり理論では，はり内部の垂直方向の直応力 σ_y を無視するが，ディープビームでは，載荷点下部や支点上部での垂直方向の直応力 σ_y を無視することができない．これにより，強固な斜め圧縮力が伝達され，大きなせん断耐力が発揮される.

6.6　斜め引張破壊時のせん断強度の予測式

せん断ひび割れの発生後，それが急激に進展して，斜め引張破壊に至ることから，

せん断ひび割れの形成 = 斜め引張破壊

と考え，破壊直前のせん断抵抗力を，$f_c{}'$, p_w, d および a/d の関数として表す式が提案されている．

$$v_c = \frac{V_c}{b_w d} = 0.20 {f_c{}'}^{1/3} {p_w}^{1/3} d^{-1/4} \left(0.75 + \frac{1.4}{a/d}\right) \quad (6.6)$$

式 (6.6) は，斜め引張破壊時の公称せん断強度を表している．

$$f_c{}' : \mathrm{N/mm^2}, \quad p_w = 100\frac{A_s}{b_w d}, \quad d : \mathrm{m}$$

であり，公称せん断強度の単位は $\mathrm{N/mm^2}$ である．式 (6.6) は，内外の約 300 個の実験データを平均値 1.00，変動係数 9.0%で評価できる．また，有効高さ d が 3 m のデータまで，実験的な裏付けがある．

式 (6.6) は，せん断強度の**寸法効果**，すなわち部材寸法の増加に伴うせん断強度の低下を $d^{-1/4}$ の形で取り入れているが，これは破壊力学による数値解析的な知見とほぼ一致している．

ワンポイント用語解説

破壊力学と寸法効果：コンクリートの破壊エネルギーや引張軟化曲線を考慮するコンクリートの破壊力学は，応力拡大係数に依拠する線形弾性破壊力学とは別の，独自の発展を遂げている．その実用的な大きな成果は，コンクリート構造体強度の寸法効果を予測できる点にある．無筋コンクリートの曲げ強度やせん断補強のない RC はりのせん断強度に対しては，ワイブル分布による統計的な予測を上回る寸法効果が認められているが，コンクリートの破壊力学はこれを数値的に予測することができるのである．

6.7　修正トラス理論式

古典的なトラス理論によるスターラップ応力の過大評価に対処するため，補正項の導入を図ったのが**修正トラス理論**であった．その補正項の物理的な意味が問題であったが，わが国ではせん断補強のないRCはりの斜め引張破壊強度をそのまま補正項とする考え方が採用されている．すなわち，

$$V = V_c + V_s = V_c + A_w \sigma_w \frac{z}{s} \tag{6.7}$$

$$V_c = 0.20 {f_c}'^{1/3} {p_w}^{1/3} d^{-1/4} \left(0.75 + \frac{1.4}{a/d}\right) b_w d \tag{6.8}$$

である．V_c は，6.5節で説明した通り，曲げ圧縮部コンクリートの直接的なせん断抵抗，ダウエル抵抗，骨材のかみ合わせ抵抗の3つから生じると考えられている．また，せん断スパン有効高さ比（a/d）も V_c の大きさに関係する．

式(6.7)のように補正項としての V_c を加えることにより，古典的トラス理論による予測に比較して，より実際に近い形で，スターラップ応力を予測することが可能となった（図6.15）．

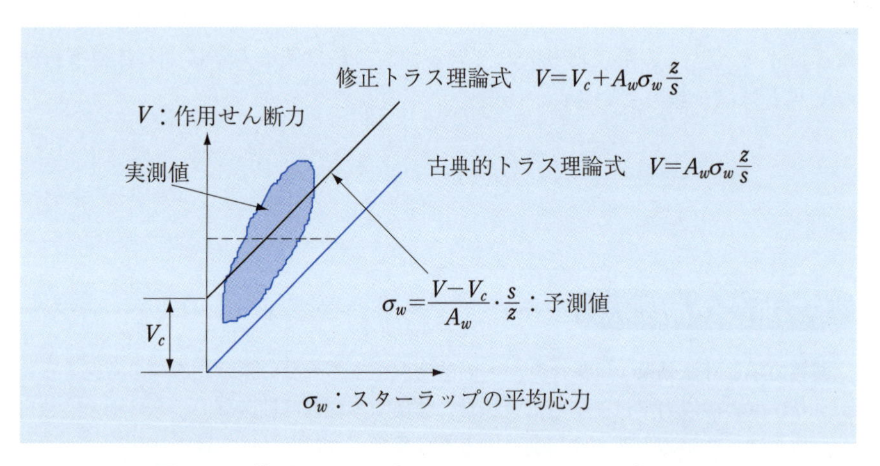

図6.15　修正トラス理論によるスターラップ応力の予測

古典的なトラス理論に比較すると，スターラップ応力の予測精度に優れる修正トラス理論であるが，なおいくつかの疑問点を含んでいる．最大の問題は，これが変形の適合条件を全く考えていない点である．V_c が前記の3つのメカニズ

ムから生じるのであるとすれば，この V_c 相当分が，はりの変形の増加や作用する荷重のレベルに関わらず，常に一定に保たれるということは明らかにおかしいと思われる．はりの変形が増加すれば，曲げ圧縮域の高さが減少したり，せん断ひび割れ幅が増加したりするので，それに伴って V_c が低下していくと考えるのが自然である．

土木学会のコンクリート標準示方書では，V_c は一定であるとされているが，V_c のメカニズムを前記の 3 通りとするならば，この説明には限界があり，この点は現在も研究の対象となっている．著者自身は前記のコンクリートの引張抵抗に期待したメカニズムは低下していくものの，アーチ的な斜め圧縮力がこれを補うので，結果として V_c 相当分の補正項が保持されているものと考えている．

さて，式 (6.7) のスターラップの平均応力 σ_w にスターラップの降伏強度 f_{wy} を代入するとせん断補強されたRCはりのせん断耐力が得られるとする考え方がコンクリート標準示方書に示されている．しかし，それは本当にせん断耐力を予測するものなのだろうか．

ワンポイント用語解説

せん断耐力：修正トラス理論により予測される「せん断耐力」は，真のせん断耐力を与えるものではなくて，せん断補強鉄筋の降伏に対応するせん断力を与えるものである．鉄筋の降伏とコンクリート構造の破壊は別の現象であり，鉄筋が降伏したからといって，補強筋量が極端に少ない場合を除いて，コンクリート構造体が直ちに破壊することはまれである．そのことを理解した上で，あくまでも安全側の近似として，せん断耐力と称しているのである．

6.8 RC はりのせん断耐力予測

修正トラス理論とスターラップの降伏に基づいてせん断耐力を評価すると式 (6.9) のようになる．

$$V = V_c + V_s$$
$$V_y = V_c + V_{sy} \tag{6.9}$$

ただし，

$$V_{sy} = A_w f_{wy} \frac{z}{s}$$

このスターラップの降伏に対応するせん断抵抗をせん断耐力と見なす考え方は，設計上の考え方としてはわかりやすい．しかし，スターラップの降伏とせん断破壊は実際には別の現象である．曲げの場合でも，引張鉄筋の降伏と断面の曲げ破壊は別である．

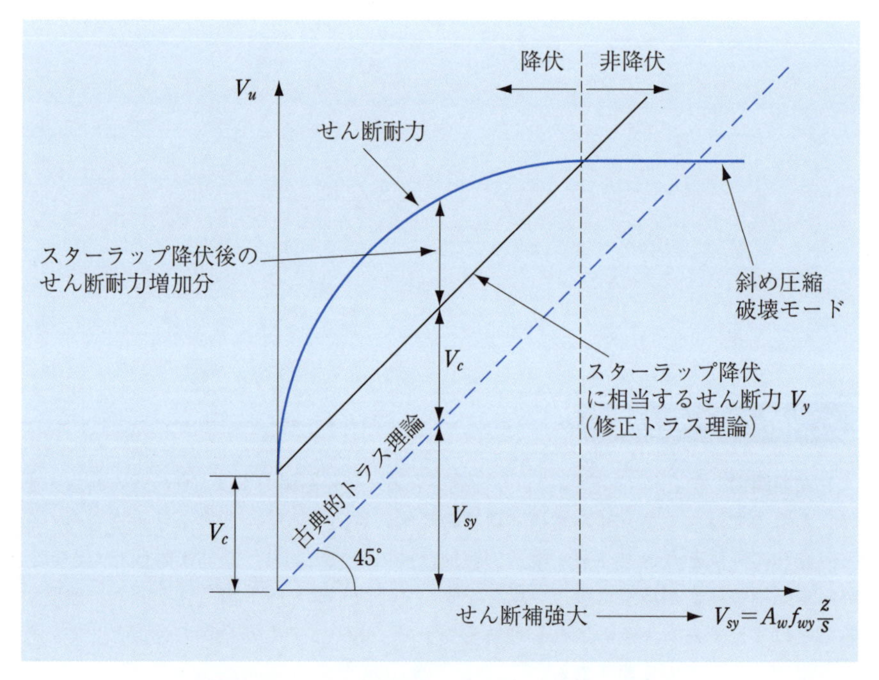

図 6.16　せん断補強量に伴うせん断耐力の変化

実験的にはスターラップの降伏後もせん断耐力が増加する場合が多い．そこで，本当のせん断耐力とはどのようなものか考察してみる．図 6.16 は，せん断補強量の変化に伴う RC はりのせん断耐力の変化を模式的に示したものである．

図 6.16 に示される通り，せん断補強量の増加に伴い，せん断耐力 V_u が増加していく．せん断補強量に依存するが，場合によっては，スターラップの降伏後，せん断耐力がかなり増加して，せん断破壊に至る場合もある．しかし，せん断補強量がある程度以上になると，部材はスターラップの降伏以前に破壊してしまう．いずれにせよ，最終的な破壊は，スターラップの降伏とは関係なく，ウェブコンクリートの圧縮破壊に支配されると考えてよい．建築の分野で用いられてきた荒川式は，これらの知見を実験式として与えたものである．

図 6.16 に示されたせん断耐力曲線を定式化するには，明確なせん断破壊規準が必要となる．しかし，現在までの研究では，これを明示するには至っていない．このため，土木学会では，これを安全側に近似し，修正トラス理論によるスターラップ降伏時のせん断力（$V_y = V_c + V_{sy}$）と斜め圧縮破壊耐力の両者により，RC はりのせん断耐力をチェックしている．

6.9 斜め圧縮破壊耐力

RCはりの斜め圧縮破壊耐力は以下のように算定することができる．図6.17のように，スターラップに平行な仮想の切断面でカットしたフリーボディを考える．このとき，切断面に作用する内力は，コンクリートの曲げ圧縮力 C'，引張鉄筋の引張力 T の他，ウェブコンクリートの斜め圧縮力 D' のみとなる．

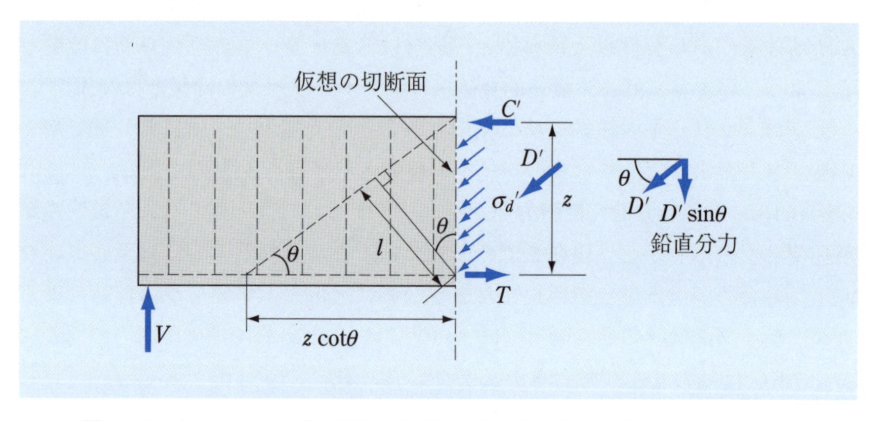

図 6.17 スターラップに平行な仮想の切断面でカットしたフリーボディ

ここで，斜め圧縮応力を $\sigma_d{}'$，はりの幅を b とすると，

$$
\begin{aligned}
l &= z\cos\theta \\
D' &= \sigma_d{}' bl \\
&= \sigma_d{}' bz\cos\theta
\end{aligned}
$$

フリーボディにおける垂直方向の力の釣合より，

$$
\begin{aligned}
V &= D'\sin\theta \\
&= \sigma_d{}' bz\sin\theta\cos\theta \\
&= \frac{1}{2}\sigma_d{}' bz\sin 2\theta
\end{aligned}
$$

圧縮斜材角 θ は，載荷状態や部材中の位置によって変化し，一定ではない．しかし，簡単のため，すべての領域で 45° と仮定すると，

$$V = \frac{1}{2}\sigma_d{}'bz \tag{6.10}$$

ひび割れたコンクリートが圧縮破壊する場合，同じコンクリートであってもその強度がひび割れのないコンクリートの圧縮強度 $f_c{}'$ に比べて低下することが知られている．どの程度低下するかは，ひび割れ幅，あるいは横方向のひずみに依存すると考えられているが，簡単に 70%程度と見積ることにする．また，$z = (7/8)d$ を用いると式 (6.10) は次のようになる．

$$\begin{aligned} V &= 0.5 \times 0.7 f_c{}'b \times \frac{7}{8}d \\ &\fallingdotseq 0.30 f_c{}'bd \end{aligned} \tag{6.11}$$

この値が RC はりの「斜め圧縮破壊耐力」に相当する．以上は簡単な仮定に基づくものであり，厳密に正しいとはいえないが，斜め圧縮破壊耐力のおおよその目安になると考えられる．

ワンポイント用語解説

斜め圧縮破壊耐力：斜め圧縮破壊耐力の予測精度は，必ずしも十分ではない．例えば，式 (6.11) では $\theta = 45°$ と仮定したり，ひび割れが生じて軟化したコンクリートの残存圧縮強度を $0.7f_c{}'$ と仮定したりしている．この辺りの評価法が向上していけば，斜め圧縮破壊耐力の予測精度も向上していくものと思われる．ただし，現実には，せん断補強鉄筋が降伏しないほど過大にせん断補強を行うということはまれであるので，斜め圧縮破壊耐力の予測精度を向上させる研究はあまり行われていない状況にある．

例題 6.2

RCはりのせん断補強鉄筋（スターラップ）の計算を行う．はりの断面および寸法は図6.18に示す通りである．また，使用材料は以下の通りである．

コンクリート：圧縮強度 $f_c{}' = 30$（N/mm^2）

軸方向鉄筋：D22（公称断面積 = 387.1（mm^2））を5本使用
降伏強度 $f_y = 400$（N/mm^2）

スターラップ：U型スターラップ
降伏強度 $f_{wy} = 400$（N/mm^2）のものを水平間隔（スペーシング）
$s = 250$（mm）で垂直に配置

このとき，せん断力 $V = 400$（kN）に耐えるスターラップの中で，最小の径のものを定めよ．ただし，異形鉄筋の呼び径とその公称断面積は以下の通りである．

D6 (31.67 mm^2),　D10 (71.33 mm^2),　D13 (126.7 mm^2),

D16 (198.6 mm^2),　D19 (286.5 mm^2),　D22 (387.1 mm^2)

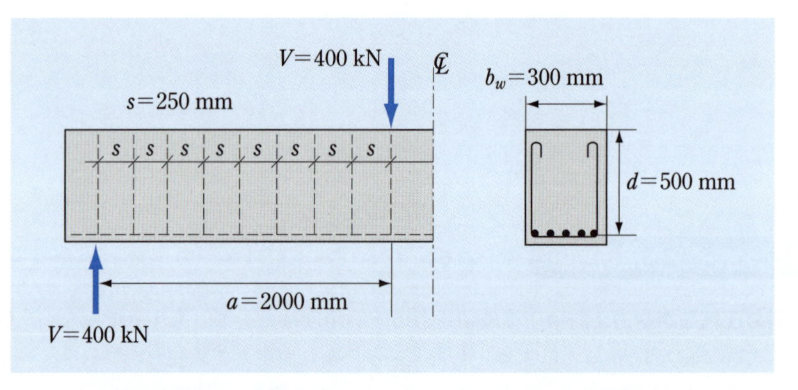

図 6.18　せん断力を受けるRCはりとせん断補強鉄筋

ポイント

(1)　作用せん断力 V に対して，せん断抵抗力（$V_c + V_s$）がこれを上回るようにする．

(2)　V_c は式 (6.12)（本文中の式 (6.8)）で求める．

$$V_c = 0.20{f_c}'^{1/3}{p_w}^{1/3}d^{-1/4}\left(0.75 + \frac{1.4}{a/d}\right)b_w d \tag{6.12}$$

ただし，

$${f_c}'(\mathrm{N/mm^2}), \quad p_w = 100\frac{A_s}{b_w d}$$

また $d^{-1/4}$ に使う d は m 単位である．

(3)　V_s はトラス理論で求める．

$$V_s = V_y = A_w f_{wy}\frac{z}{s}$$

ただし，$z = (7/8)d$ とする．

【解答】　基本的な考え方は

$$V_c + V_s \geq V$$

ここに，V は作用するせん断力．V_c はせん断補強鉄筋以外が受け持つせん断抵抗であり，せん断補強されていない RC はりのせん断耐力に等しいと仮定する．また，V_s は圧縮斜材角を 45° とした場合のトラスのせん断抵抗力である．この際に，以下のことに注意する．

(a)　V_c の算定式中で，はりの寸法による影響を考慮した $d^{-1/4}$ の項では，d を m 単位として計算する．ただし，計算結果は無次元である．

(b)　V_c の算定式中の鉄筋比に関する項 ${p_w}^{1/3}$ における鉄筋比 p_w とは主鉄筋比（%）であり，せん断補強鉄筋比 $r_w = A_w/(b_w s)$ ではない．

(c)　スターラップの貢献分をトラス理論で考える場合，U 型スターラップを用いていれば，スターラップの足は 2 本となる．したがって，スターラップ鉄筋の断面積を A_s とすると，せん断補強鉄筋としての断面積 A_w は，$A_w = 2A_s$ となる．

(d)　力と応力（せん断力とせん断応力）を明確に区別する．

以下に具体的な計算結果を示す．

V_c は，式 (6.12) で算定する．

$$V_c = 0.20 f_c'^{1/3} p_w^{1/3} d^{-1/4} \left(0.75 + \frac{1.4}{a/d}\right) b_w d$$

ここで，

$$p_w = 100 \frac{A_s}{b_w d} = 100 \times \frac{387.1 \times 5}{300 \times 500} \fallingdotseq 1.29\%$$

なお，b_w はウェブ幅の意味であり，矩形はりであれば b と一致する．

$$V_c = 0.20 \times 30^{1/3} \times 1.29^{1/3} \times 0.50^{-1/4} \times \left(0.75 + \frac{1.4}{4.0}\right) \times 300 \times 500$$

$$= 132700\,(\mathrm{N}) = 132.7\,(\mathrm{kN})$$

したがって，

$$V_s \geq V - V_c = 400 - 132.7 = 267.3\,(\mathrm{kN})$$

トラス理論によれば，

$$V_s = A_w f_{wy} \frac{z}{s} = A_w f_{wy} \frac{7d}{8s} = 2A_s f_{wy} \frac{7d}{8s} \geq 267.3\,(\mathrm{kN})$$

$$\therefore \quad A_s \geq \frac{267300 \times 8s}{2 f_{wy} (7d)} = \frac{267300 \times 8 \times 250}{2 \times 400 \times 7 \times 500} \fallingdotseq 190.9\,(\mathrm{mm}^2)$$

この条件を満たす中で最小の径の鉄筋は D16（$A_s = 198.6\,\mathrm{mm}^2$）である． ■

第7章

繊維補強コンクリート

　コンクリート中に短い繊維を練り混ぜ，コンクリートの材料特性，特にひび割れに対する抵抗性やエネルギー吸収能力を高めようという研究は古くから行われてきた．しかしながら，近年の破壊力学の進展，ならびにコンクリート中によく分散する鋼繊維の出現や各種の合成繊維の開発，さらには超高強度繊維補強コンクリート（UFC）の実用化と，繊維補強コンクリートを取り巻く環境は大きく変化してきた．ここでは，これらの経緯を踏まえて，繊維補強コンクリートの基礎を概説する．

7.1 はじめに

コンクリートは圧縮強度に比べて引張強度が小さいので，引張応力によってひび割れが発生しやすい．この弱点を補うために開発されたのが，鉄筋コンクリート（RC）である．RCは圧縮に強いコンクリートと引張に強い鉄筋を組み合わせた複合材料の典型例といえる．ただし，RCはりの曲げ破壊荷重の計算には，コンクリートの引張抵抗は全く考慮されていない．結果として，RCはひび割れの発生には抵抗できず，その進展に対しても鉄筋の断面積に依存するのみであり，ひび割れ幅は基本的に鉄筋の引張応力によって決定される．これに対して，耐久性向上の観点から，コンクリートにも引張抵抗を付与したいという要求は従来から大きかった．コンクリートに引張抵抗を付与するための最も有効な方法はプレストレスの導入であり，プレストレストコンクリート（PC）の適用によって，ひび割れ制御に関する多くの問題が構造的に解決されてきた．このことについては8章で説明する．しかし，コンクリートの引張抵抗を材料的に改善したいという要求も当然生じる．

その際に注目されるのが，**繊維補強コンクリート**（Fiber Reinforced Concrete; FRC）である．つまり，繊維補強することにより，コンクリートの引張抵抗を高め，鉄筋やPC鋼材を使用することなく，コンクリートの引張抵抗のみにより，ひび割れを制御しようという考え方である．

繊維補強コンクリートには，広義には連続繊維補強材（FRPロッド，FRPメッシュ）や連続繊維シートなどによる補強も含まれるが，ここでは短繊維補強コンクリートに限定することにする．図7.1は，プレーン（無筋）コンクリートとFRCの代表例として鋼繊維補強コンクリート（SFRC）の**引張軟化曲線**を比較したものである．

コンクリートの破壊力学によれば，コンクリートはひび割れが発生してもいきなり引張抵抗を失うことはなく，徐々に引張抵抗が低下していくことが知られている．コンクリートがひび割れた後も引張を伝達するということで，不思議に思われる方も多いと思う．ここでいうひび割れとは，開口し，その界面がはっきりとした大きなひび割れのことではなくて，引張を受けてコンクリート中に生ずる微細ひび割れ（マイクロクラック）のことである．これらが発生・凝集し，その過程で，徐々にひび割れ幅も大きくなり，引張抵抗も低下していく

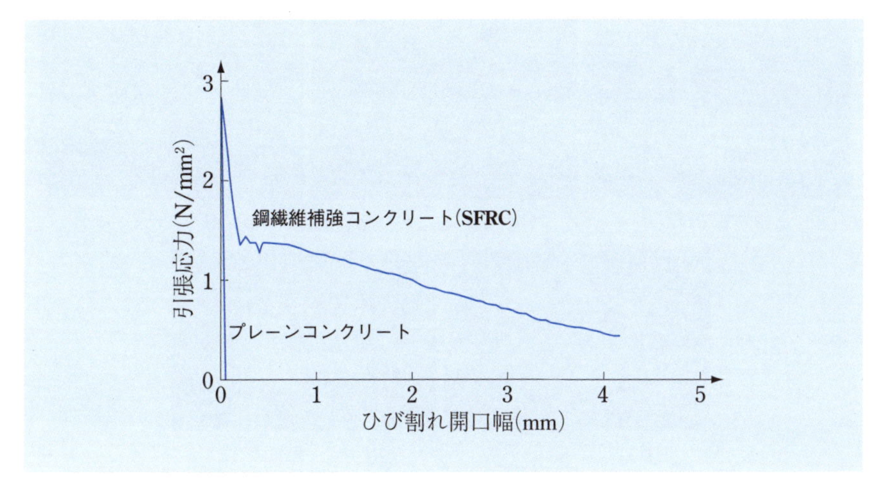

図 7.1　引張軟化曲線の比較[文献 1)]

のである．この一連の挙動を表すのが，図 7.1 の引張軟化曲線である．図の横軸はひび割れ開口幅であるが，これは微細ひび割れ幅を積分した仮想のひび割れ幅と考えると，理解しやすい．

ちなみに，引張軟化曲線と横軸で囲まれる面積がコンクリートの**破壊エネルギー**で，引張を全く伝えない単位面積の完全なひび割れを形成するのに要するエネルギーを表している．

図 7.1 によれば，SFRC の引張強度は，プレーンコンクリートとほとんど変わらない．これは鋼繊維の混入率が容積百分率で 1.0〜1.5％程度であることによる．図 7.1 において注目されることは，引張強度到達以降の SFRC の軟化領域の大きさである．ひび割れ発生以後，応力は一旦急激に低下するが，その後，ひび割れ開口幅の増加とともに，応力が緩やかに低下していく領域が現れる．このため，引張軟化曲線が取り囲む面積は大きく拡大し，コンクリートの破壊エネルギーも大幅に増加する．

コンクリートのひび割れは，金属材料における 1 本の明確な亀裂の発生・進展とは異なって，無数の微細ひび割れの発生・進展・凝集の過程を含んでいる．繊維混入により，微細ひび割れの進展・凝集に対する抵抗性が向上するので，引張軟化領域が拡大していくことになる．曲げを受けるはりを例に挙げると，荷重の増加とともに曲げひび割れが発生するが，視認できるひび割れ間隔やひび割れ幅が減少し，プレーンコンクリートに比べて，多数の細かいひび割れが発

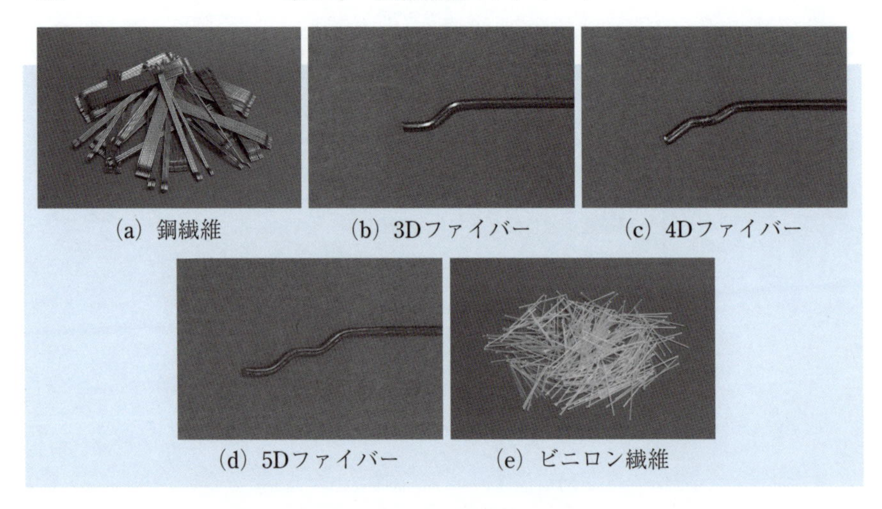

写真 7.1　各種の短繊維（なお，鋼繊維は端部の形状により，(b) から (d) のような区分があり，定着能力が変化する．）

生することがFRCの特徴である．なお，コンクリート中に混入される繊維としては，鋼繊維の他，ビニロン（ポリビニルアルコール）繊維，ポリプロピレン繊維，ポリエチレン繊維，アラミド繊維，炭素繊維，ガラス繊維なども使用されている（写真7.1参照）．

最近では，従来のFRCの他に，超高強度繊維補強コンクリート（Ultra High-Strength Fiber Reinforced Concrete; UFC）やECC（Engineered Cementitious Composites）などの新しいコンセプトのFRCも利用可能となっている．これらは，従来のFRCをさらに発展させたものであり，UFCであれば，超高強度，高耐久，高靱性など，ECCであれば多数の微細ひび割れの発生とそれに伴うひずみ硬化性状など，従来のFRCにはない，優れた特徴を有している．

7.2　繊維補強コンクリート（FRC）の適用の現状

7.2.1　かぶりコンクリートの剥離・剥落防止

トンネル内壁や高架橋等のかぶりコンクリートの剥離・剥落防止にFRCが使用されている．この場合は，ビニロン繊維などの合成繊維が使用されることが多く，また混入率は容積百分率で0.5％程度である例が多い．何らかの原因によりコンクリートにひび割れが生じて，表面からかぶりコンクリート片が剥離・剥落しようとする際に，混入された繊維の**架橋効果**により，コンクリート片の落下が食い止められ，簡単には落下しなくなる．その効果は非常に明瞭であるが，使用意図から考えるとFRCの本格的な利用とはいいがたく，消極的な利用といえよう．なお，ビニロンなどの合成繊維が多用されるのは，強度が高く，耐久性に優れているという点が評価されたためである．強度の面からは，鋼繊維も十分な強度と剛性を有しているが，コンクリートから露出した鋼繊維自体の腐食が懸念されることから，合成繊維が使用される例が多い．

7.2.2　コンクリートの耐火性向上

耐火性向上の観点から，ポリプロピレン繊維（PP）をコンクリートに混入した事例がある．コンクリートが火害を受けると，熱の影響を受けてコンクリート中の水分が蒸発し，その蒸気圧によって，コンクリートが爆裂する場合がある．しかし，PP繊維を容積百分率で0.1～0.5％混入すると，爆裂を防止できることが確認されている．これは，熱により繊維が融解し，その空隙を蒸気が移動することにより，コンクリート中の蒸気圧の増加を緩和できるためと考えられている．すなわち，混入された繊維を犠牲にすることにより，コンクリートの爆裂を防ぐというFRCの利用法である．

7.2.3　SFRC舗装による鋼床板の耐疲労性向上

最近，道路橋鋼床版の疲労損傷事例が頻繁に報告されるようになってきたが，これは作用する重交通と鋼床版の剛性不足が組み合わさったことによるものと考えられる．これに対処するには鋼床版の剛性を増加させる必要があるが，デッキプレートの厚さを増すことは自重の増加につながり，鋼床版の特長を減殺することになる．そこで考えられたのが，従来のアスファルト舗装に代わる**鋼繊維補強コンクリート**（SFRC）舗装である．アスファルトに比べて剛性の高いコンクリートを使用し，鋼床版と一体化させることにより，鋼床版に発生する局所的な応力を緩和することが可能となる．ただし，鋼床版上の舗装厚さは50～75 mm程度が限界であるので，舗装コンクリート中に鉄筋を配置することは事実上不可能である．そこで，コンクリートの引張抵抗性を高め，ひび割れ幅を制御するために，SFRCが適用された例が報告されている．現時点では，価格の問題などもあるが，鉄筋による補強が困難であったり，煩雑であったりして，設計・施工上の合理性が認められない場合には，SFRCの採用を考慮に入れるべきである．

7.2.4 過密な鉄筋配置に代わる繊維補強の適用

7.2.3項は，厚さが非常に薄い舗装コンクリートなど，鉄筋の配置が困難な場所で，SFRCがその代替品になるという事例であったが，逆に所要の鉄筋量が多すぎて，配筋が煩雑であったり，コンクリートの打込みが困難となる場合等も，FRCの採用を考慮に入れるとよい．土木学会では1999年に「鋼繊維補強鉄筋コンクリート柱部材の設計指針（案）」をコンクリートライブラリーとして刊行している[文献1)]．その中では，柱部材のコンクリートに容積百分率で1.0～1.5％程度の所要の鋼繊維が混入されていれば，コンクリートの負担するせん断強度を2倍としてよいこと，また煩雑な中間帯鉄筋の配置を省略してよいことが規定されている．この場合も，鉄筋の配置と鋼繊維の使用はコスト面を含めて検討されることになるが，その際には過密配筋に伴うコンクリートの打込みの困難さも考慮に入れた上で，総合的に判断すべきである．

7.2.5 付加価値の高い新材料としての利用

超高強度繊維補強コンクリート（UFC）はフランスで開発された技術である．これは低熱ポルトランドセメント，シリカフューム，珪石微粉末などの中間粒子を，高性能減水剤を使用して低水結合材比で練り混ぜ，さらに高強度の鋼繊維を容積百分率で2.0％程度混入したものである．練り混ぜ後，40～50 N/mm^{2}程度の脱型強度が得られるまで初期養生を行い，その後，90 °C，48時間の蒸気養生を行うと，200 N/mm^{2}に達する超高強度が得られる．硬化する際の収縮量は大きいが，蒸気養生中にセメントの水和反応がほとんど終了するので，以後の収縮量はそれほど大きくはない．圧縮強度の他，引張強度，破壊エネルギー，ヤング係数などが通常のコンクリートに比べて格段に大きい．わが国では，酒田みらい橋の設計・施工の経験に基づき，2004年に「超高強度繊維補強コンクリートの設計・施工指針（案）」が土木学会から刊行された[文献2)]．この指針には，

①　コンクリート構造物であるが鉄筋は一切使用しない
②　使用荷重時にはひび割れの発生を許さない
③　コンクリートの引張抵抗を設計上考慮する
④　せん断設計法に圧縮斜材角を45° に固定しないトラス理論を適用する

等々，わが国独自の考え方が盛り込まれている．

UFCは超高強度であるばかりでなく，高強度の鋼繊維の混入により，引張抵抗性に優れ，また組織が緻密であることから塩化物イオンの拡散係数も小さく，耐久性も格段に優れている．練り上がったUFCは流動性が高く，様々な形に造形することが可能である．UFCは東京国際空港（羽田空港）のD滑走路（2010年竣工）の桟橋部にUFC床版として大量に使用された実績があるが，この付加価値の高い新材料の適用範囲がさらに拡大していくことを期待したい．

7.3 FRC適用にあたっての問題点

7.2節ではFRCの適用の現状を概観したが，以下のような問題点が指摘できる．

(1) 構造的あるいは積極的に利用されている例はそれほど多くなく，かぶりコンクリートの剥離・剥落防止，耐火性向上などの消極的な利用例が多い．

(2) 鋼材による補強が煩雑であったり，困難であったりする場合にFRCが適用される場合がある．しかし，補強の主役はあくまでも鉄筋やPC鋼材であり，その適用が困難な場合に，FRCの適用が検討の対象となる．その際には，コスト競争力も問われることになるが，FRCのメリットを定量評価できると，競争力がアップするものと思われる．

(3) 補強用鋼材の代替品という考え方からさらに一歩踏み出して，付加価値の高い新材料とすることにより，FRCに競争力が生じる．FRCの利用を促進するためには，従来型の使用に留まることなく，この付加価値の高い新材料としての使用を拡大していくことが必要である[文献1)]．

参考文献：

1) 土木学会：鋼繊維補強鉄筋コンクリート柱部材の設計指針（案），コンクリートライブラリー，No.97，1999.11.

2) 土木学会：超高強度繊維補強コンクリートの設計・施工指針（案），コンクリートライブラリー，No.113，2004.9.

第8章

プレストレストコンクリート

プレストレストコンクリート（Prestressed Concrete, 略称 PC）とは高強度の PC 鋼材を緊張して引張力を与え，それを硬化したコンクリートに定着した構造であり，コンクリートには PC 鋼材の引張力から生じる大きな反力が作用し，あらかじめ圧縮応力が作用している．このあらかじめ与えられた圧縮応力によって，外力により発生する引張応力にコンクリートが抵抗し，コンクリートの曲げひび割れ発生が抑制される．この技術によって，従来の短スパンの鉄筋コンクリート（RC）橋から長大な PC 橋へと，コンクリートの適用範囲が大幅に拡大していくこととなった．

8.1 はじめに

図 8.1(a) に示すような単純支持された RC はりに荷重が作用すると，RC はりには作用する曲げモーメント M により曲げ応力 σ が生じる．これは式 (8.1) で示すことができる．

$$\sigma = \frac{M}{I} y \tag{8.1}$$

ただし，

I：RC はりの断面 2 次モーメント

y：図心軸からの距離

である．この曲げ応力は断面の引張縁で最大となるが，この値がコンクリートの曲げ強度 f_b を上回ると，断面に曲げひび割れが発生する．鉄筋コンクリート（RC）の場合，曲げひび割れの発生に抵抗するには，曲げ強度（したがって，圧縮強度 f_c'）を増加させる以外に方法はない．しかしながら，その方法には限界があり，曲げひび割れの発生を完全に防止することはできない．プレストレストコンクリートでは，例えば図 8.1(b) に示すように，断面の図心位置に高強度の PC 鋼材を配置して，これを緊張して引張力を与え，硬化したコンクリートはりの両端で定着する．PC 鋼材の引張力を P_c とする．コンクリートには P_c の反力として同じ大きさの圧縮力が作用し，PC 鋼材が図心に配置されているので，一様な圧縮応力 σ_p' が生じる．これがプレストレスであり，式 (8.2) で示す

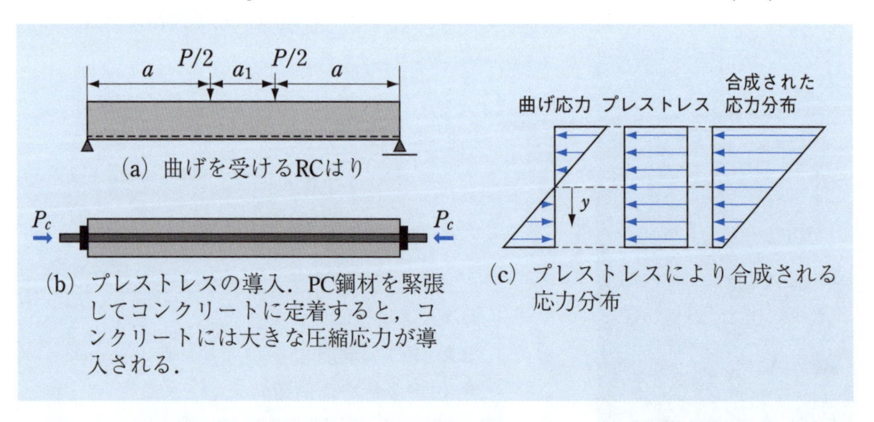

図 8.1　曲げを受ける RC はりとプレストレスの概念図

ことができる．

$$\sigma_p{}' = \frac{P_c}{A_c} \tag{8.2}$$

ただし，

A_c：コンクリートはりの断面積

である．最終的に，コンクリートはりには曲げ応力とプレストレスが合成された応力が分布することになる（図 8.1(c)）．コンクリートはりは，曲げひび割れ発生前の弾性状態であるので，応力は単純に重ね合わせることができる．図 8.1(c) の場合は全断面圧縮となっており，曲げひび割れの発生は完全に抑制される．

PC 鋼材の配置位置を変化させることにより，応力分布形状を変化させることもできる．例えば，図心配置ではなく PC 鋼材を曲げ引張縁に近づけた偏心配置とすれば，プレストレス分布は下側に大きな圧縮応力が作用することになるので，合成された応力分布はより一様に近い形となる．

ワンポイント用語解説

プレストレストコンクリート（PC）：わが国では英語の prestressed concrete をそのまま音読してプレストレストコンクリートと称している．鉄筋コンクリートは英語では reinforced concrete であり，補強されたコンクリートあるいは補強コンクリートであるが，補強に使用するのが鉄筋であることから，意訳して鉄筋コンクリートと称している．PC については適当な和訳がなかったものと思われる．ちなみに中国では，PC は預応力混凝土と称されており，prestressed をそのまま中国語に訳している．なお，混凝土はコンクリートのことである．

8.2　PCの発展

コンクリート中にあらかじめ圧縮応力を発生させておけば，荷重により生ずる引張応力を打ち消すことができるので，コンクリートのひび割れ発生を抑制できるという考え方は比較的理解しやすい．このため，19世紀以来，多くの研究者や技術者がこの課題に取り組んできた．しかしながら，その実現はかなり困難なものであった．コンクリートに大きな圧縮応力を生じさせるためには，鋼材を緊張して引張力を与え，これを硬化したコンクリートに定着して，圧縮力を与えなければならない．しかし，鋼材のリラクセーション，コンクリートのクリープ，乾燥収縮などにより，導入された引張力や圧縮力が低下していく．また，定着部の緩みも問題となる．

昭和初期の1920年代になって，フランスのFreyssinet（フレシネー）はPCには高強度の鋼材と高強度のコンクリート，そして効率的な定着具が必須であることを明らかとした．これにより，リラクセーションやクリープなどによりプレストレスが低下しても，有効なプレストレスが残存し，曲げひび割れの抑制に効果があることが示されたのである．わが国においても，昭和20年代から実用化に向けた研究が進められ，PC橋への展開が始まった．現在では，PCは橋梁（りょう）以外にも，タンク，各種の防災施設，建築物等，多様な分野に適用されている．

PCには，大きく分けて，プレテンション方式とポストテンション方式がある．プレテンション方式は，PC鋼材をあらかじめ緊張しておき，その周りにコンクリートを打ち込み，コンクリートの硬化後に緊張していたPC鋼材を端部で切断して，PC鋼材とコンクリートの付着により，プレストレスを導入する方式である．これらは専用のPC工場で製作され，プレキャスト製品として出荷される．PC鋼材の定着具は不要であるが，付着に期待しているため，PC鋼材の端部ではプレストレスが低下するので，比較的小型の部材に適用される場合が多い．一方，ポストテンション方式は，コンクリート中にシースと呼ばれるPC鋼材配置のための筒状の鞘（さや）管を配置しておき，コンクリート硬化後にこの中に配置したPC鋼材を緊張して引張力を与え，その後，両端でコンクリートに定着して，コンクリートにプレストレスを与えるものである．シース中の空隙はPC鋼材の緊張後，一般的にはグラウトにより完全に密閉され，付着が付与される．配置するPC鋼材の強度や断面積により，与えるプレストレスを制御できるので，実際のPC橋はこの方式による場合が多い．

8.3　PC 橋の事例紹介

最初は単純な桁橋から始まったPC 橋であるが，時代とともに構造的な工夫が行われてきた．自重の相違により，従来は鋼橋の独壇場であった吊形式の橋梁（りょう）分野においても，RC から PC への変化に伴って自重の軽量化が図られたことから，PC 橋の展開が始まっている．すなわち，従来の桁橋，アーチ橋といったものから，PC 斜張橋，PC エクストラドーズド橋などへも多数実用化されてきている．以下，いくつかの PC 橋を示しながら，その特徴を概説する．

(1)　PC 桁橋

(a) 全景

(b) 高橋脚

写真 8.1　新佐奈川橋
（写真提供：鹿島建設（株））

2012 年に竣工した本橋は，愛知県豊川市に位置する新東名高速道路の高架橋であり，6 径間連続のコンクリート箱桁橋である．橋長は上り線（東京方向）が 636 m，下り線（名古屋方向）が 699 m となっている．この高架橋では高さ 89 m の高橋脚が特徴となっているが，これは新東名高速道路で最も高い橋脚となっている．最大スパンは下り線側の 142 m であるが，これは PC の導入により可能となったものであり，RC では不可能な長さである．なお，142 m という長スパンは，この辺りに生息する猛禽（きん）類の円形飛行を妨げないように配慮したものである．最近では，PC 橋の建設においても，自然環境や生態系に対して配慮することが重要となってきている．高強度のコンクリートと高強度の鉄筋を使用して，橋脚の断面全体をスレンダーなものとしている点（写真 (b)）も，環境に対する配慮である．橋脚に関しては，八角形の断面や四隅に設けられたスリットが軽快な印象を与えている．

(2) PCエクストラドーズド橋

(a) 全景

(b) 営業線との近接施工

写真 8.2 神通川橋梁（りょう）
（写真提供：（独）鉄道・運輸機構，大成建設（株））

本橋は，北陸新幹線の富山駅の西側を流れる神通川に架かる4径間連続のPCエクストラドーズド橋であり，2012年に竣工している．橋長は428mであり，径間は86m＋2@128m＋86mとなっている．スパン128mは新幹線としては相対的に長いため，桁構造では桁高が大きくなりすぎて，十分な桁下空間を確保できない．このため，エクストラドーズド橋として設計された．新幹線では主桁のたわみ制御の観点から，スパンが長い場合には斜張橋ではなくて，この種のエクストラドーズド橋が採用される事例が多い．本橋の特徴は写真(b)に示されるように，既存の2つのトラス橋との近接施工である．本橋の下流側には，北陸本線と高山線の2つのトラス橋が架設されており，本橋の施工に際しては，これら2橋の営業線の供用に支障のないように行うことが最優先とされた．

(3) PC斜張橋

本橋は，1991年に竣工したPC斜張橋である．ノルウェーのトロンハイム湾の奥に位置する小さなフィヨルドの入り江を横切る道路橋であり，従来のフェリーによる輸送に代わって建設された．

中央スパンは530mで，主桁をPC桁のみで建設するピュアなPC斜張橋と

(a) 全景

(b) A型主塔と主桁

写真 8.3　スカルンスンド橋

しては，世界最長である．幅員は 13 m で，上下 2 車線の道路橋である．A 型の主塔はコンクリート製で，高さは 153 m である．斜材はファン型で，赤い塗装が美しい．530 m の中央径間に比較して，桁高が低く，非常に軽快な印象を与えている．ノルウェーは北欧の小さな国であるが，このような長大コンクリート橋の他，高強度コンクリートや軽量コンクリートなど，コンクリート構造の分野では世界的な技術力を誇っている．

(4)　アーチ橋

(a) 全景（後方はフーバーダム）

(b) アーチリブの張り出し施工

写真 8.4　コロラドリバー橋
（写真提供：(株) 大林組）

本橋はフーバーダムのすぐ下流のコロラド川のブラック渓谷に架設された長大コンクリートアーチ橋である．橋長は 579 m，アーチスパンは 323 m であり，このアーチスパンは米国内で最長である．アリゾナ州フェニックスからネバダ州ラスベガスに向かう自動車専用道路のUS93号線は，以前はフーバーダムの堤頂を通っていたが，交通容量が小さい上に大型車の通行も不可であったため，下流にバイパスを建設することになり，本橋が建設されることとなった．5年半におよぶ難工事の結果，2010年に本橋が竣工した．発注者は米国連邦高速道路局（FHWA）であり，施工を受注したのは，わが国の大林組とピーエス三菱の2社である．アーチリブは写真(b)のように，張り出し施工されたが，垂直材はプレキャストセグメント製であり，軸方向（高さ方向）にプレストレスが導入されて一体化されている．

ワンポイント用語解説

PC橋の黎明期：フレシネーは1946年にパリ東方約50 kmのマルヌ川にスパン55 mのフラットなアーチ橋であるLuzancy橋を架設している．これは場所打ちではなく，1016個のプレキャスト部材からなるPC橋であり，PC鋼材を用い，プレストレスにより一体化したものである．その後さらに1947年から1951年にかけて，マルヌ5橋と呼ばれる同じ形式同じ寸法の5橋をLuzancy橋の下流のマルヌ川に架設している．これらはいずれもスパン74 mのフラットなアーチ橋であり，プレキャストセグメントを製作して現場に運搬し，プレストレスにより一体化したものである．これら全6橋は現在も道路橋として問題なく供用されており，品質の良好なプレキャスト部材とそれを用いたPC橋の耐久性を実証している．

第9章

演 習 問 題

演習問題を自分で解くことによって，コンクリート構造に対する理解が確実なものとなる．コンクリート構造に限らず，工学の科目では演習は必須である．ここでは，純粋な「曲げ」の範囲の演習問題と，コンクリート構造全般に関する演習問題を示した．前者は 1 学期 15 週の講義における中間試験の，後者は同じく期末試験の問題を想定したものである．

9.1 「曲げ」の範囲 (1)

図9.1に示す，鉄筋コンクリート（RC）長方形断面を考える．コンクリートの圧縮強度 $f_c{}' = 30\,\mathrm{N/mm^2}$，引張強度 $f_t = 3.0\,\mathrm{N/mm^2}$，曲げ強度 $f_b = 4.5\,\mathrm{N/mm^2}$ である．コンクリートのヤング係数は，$E_c = 25\,\mathrm{kN/mm^2}$ である．鉄筋は降伏強度（圧縮・引張とも）$f_y = 400\,\mathrm{N/mm^2}$，ヤング係数 $E_s = 200\,\mathrm{kN/mm^2}$ である．断面は幅 $b = 400\,\mathrm{mm}$，高さ $h = 600\,\mathrm{mm}$，有効高さ $d = 500\,\mathrm{mm}$，圧縮縁から圧縮鉄筋図心までの距離 $d' = 100\,\mathrm{mm}$ で，この条件は最後まで変わらないものとする．鉄筋の面積 A_s あるいは $A_s{}'$ は各問において与えられる．

このとき，以下の各問に答えよ．

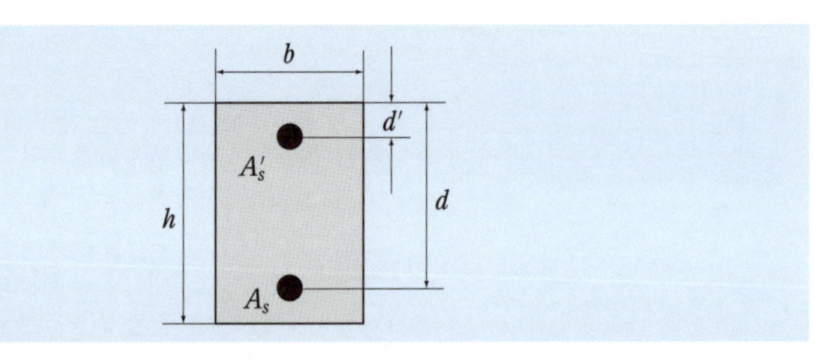

図 9.1　RC 長方形断面

(1) 以下の「　　」内の文章の ア ， イ ， ウ に当てはまる言葉を示せ．

「コンクリート構造における基本的な3条件は，①力の釣合条件，② ア ，③材料の応力–ひずみ関係である．曲げの問題の場合， ア は，具体的には，断面内でひずみが直線分布する イ の仮定や鉄筋のひずみが同一位置のコンクリートひずみと一致する ウ の仮定に分かれる．」

(2) 断面に作用する曲げモーメントが $100\,\mathrm{kN{\cdot}m}$ であった．このとき，曲げひび割れ発生の有無を判定せよ．なお鉄筋の影響は無視してよい．

(3) $A_s{}' = 0$ とする．この断面に曲げひび割れが発生してから，下側の鉄筋（面積：A_s）が降伏するまでの間の中立軸位置（圧縮縁から中立軸までの距離）x を n, A_s, b, d を用いて表せ．ただし，引張を受けるコンクリートの抵抗は無視してよい．また圧縮を受けるコンクリートは弾性体とし，鉄筋とコンクリートのヤング係数比を n とする．

(4)　$A_s{}' = 0$ で $A_s = 2000\,\mathrm{mm}^2$ であるとする．このとき，下側の鉄筋が降伏する際の曲げモーメント M_y（kN·m）を計算せよ．

(5)　$A_s{}' = 0$ で $A_s = 2000\,\mathrm{mm}^2$ であるとする．このとき，断面が破壊する際の曲げモーメント M_u（kN·m）を計算せよ．ただし，圧縮縁のコンクリートひずみが終局ひずみ $\varepsilon_{cu}{}' = 0.0035$ となったときを破壊と定義する．なお，破壊時のコンクリートの曲げ圧縮力の計算には $0.85 f_c{}' \times 0.8x$ の等価応力ブロックを使用すること．

(6)　$A_s{}' = 0$ で $A_s = 2000\,\mathrm{mm}^2$ であるとする．このとき，断面が破壊する際の曲げ圧縮力の計算に，以下に示す放物線 + 直線型のコンクリートの応力–ひずみ関係を用いて，中立軸位置 $x = x_1$ を計算し，(5) で得られる x に対する比率（x_1/x）を示せ．

$$0 \leq \varepsilon_c{}' < \varepsilon_o{}' \quad \rightarrow \quad \sigma_c{}' = k_1 f_c{}' \left\{ 2\left(\frac{\varepsilon_c{}'}{\varepsilon_o{}'}\right) - \left(\frac{\varepsilon_c{}'}{\varepsilon_o{}'}\right)^2 \right\}$$

$$\varepsilon_o{}' \leq \varepsilon_c{}' \leq \varepsilon_{cu}{}' \quad \rightarrow \quad \sigma_c{}' = k_1 f_c{}'$$

ただし，$k_1 = 0.85$, $\varepsilon_o{}' = 0.002$, $\varepsilon_{cu}{}' = 0.0035$ とする．

(7)　$A_s{}' = 0$ のままとする．A_s を除く他の条件が (5) と変わらないとき，釣合破壊となる際の $A_s = A_{sb}$（mm^2）を求めよ．

(8)　$A_s{}' = 0$ で $A_s = 8000\,\mathrm{mm}^2$ であるとする．その他の条件が (5) と変わらないとき，断面が破壊する際の曲げモーメント M_u（kN·m）を計算せよ．また，この破壊形式は何と呼ばれるか．

(9)　$A_s = 8000\,\mathrm{mm}^2$ で $A_s{}' = 8000\,\mathrm{mm}^2$ であるとする．その他の条件は (5) と変わらないとき，断面が破壊する際の曲げモーメント M_u（kN·m）を計算せよ．また，この破壊形式は何と呼ばれるか．

9.2 「曲げ」の範囲 (2)

図 9.2 に示す，単純支持され，はりの中央部分に 2 点対称荷重を受ける鉄筋コンクリート（RC）はりを考える．その断面は図 9.3 に示す通りである．以下の各問に答えよ．なお，先に与えられた条件は特に断りのない限り，その後の問題にそのまま適用できるものとする．

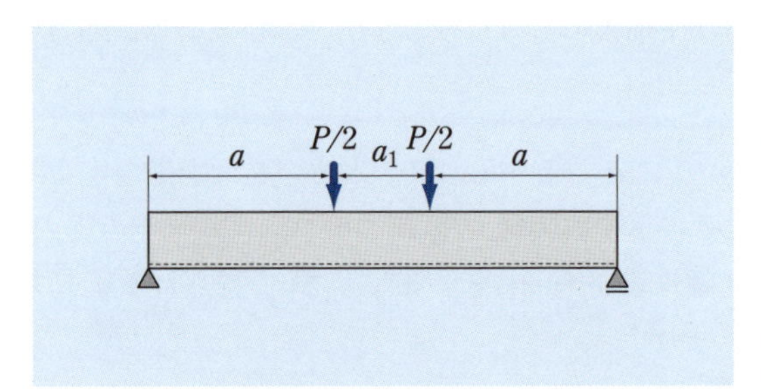

図 9.2 単純支持され 2 点対称荷重を受ける RC はり

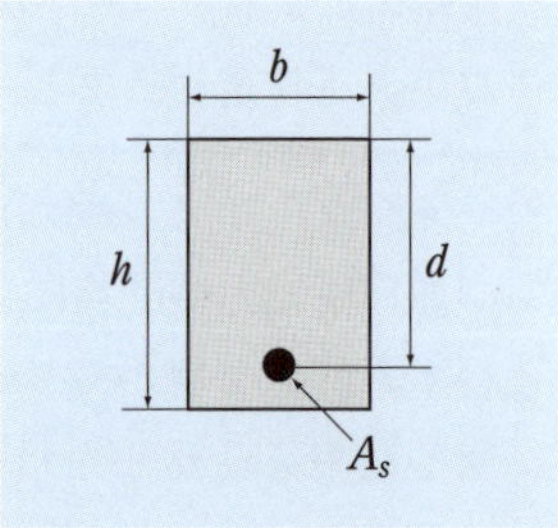

図 9.3 単鉄筋長方形 RC 断面

[1] このはりの最大モーメント断面に，初めて曲げひび割れが生じる際の荷重を P_{cr} とする．

(1) 作用する荷重 P とスパン中央部における最大モーメント $M_{\max}$ の関係を示せ．

(2) コンクリートの曲げ強度を f_b とする．また，$b = h/2$，$a = 3h$，$a_1 = h$ である．P_{cr} を f_b と h により表せ．ただし，配置されている軸方向鉄筋 A_s の影響は無視してよい．

(3) $h = 400\,\mathrm{mm}$，$f_b = 4.5\,\mathrm{N/mm^2}$ であった．P_{cr} を計算し，kN 単位で表せ．

[2] 荷重の増加とともに，はりには曲げひび割れが生じる．曲げひび割れが発生した後，鉄筋が降伏するまでを考える．この間は，コンクリートの引張抵抗を無視し，鉄筋は弾性体であると仮定してよい．鉄筋は降伏強度 $f_y = 400\,\mathrm{N/mm^2}$ で，ヤング係数は $E_s = 200\,\mathrm{kN/mm^2}$ の完全弾塑性体とする．また圧縮を受けるコンクリートもヤング係数 $E_c = 20\,\mathrm{kN/mm^2}$ の弾性体とする．ヤング係数比は $n = E_s/E_c$ である．

(1)　曲げひび割れが発生した後，鉄筋が降伏するまでの間における断面の中立軸位置 x（断面の圧縮縁から中立軸までの距離）を A_s, b, d, n により表せ.

(2)　$b = 200\,\mathrm{mm}$, $d = 360\,\mathrm{mm}$, $a = 1200\,\mathrm{mm}$ で $A_s = 800\,\mathrm{mm}^2$ であった. 鉄筋の応力が降伏強度 f_y の 80%となるときの荷重 P を計算し，kN 単位で表せ.

(3)　鉄筋の応力が降伏強度 f_y となるときの荷重 P を計算し，kN 単位で表せ.

[3]　この断面の曲げ破壊を考える．圧縮縁のコンクリートひずみが破壊ひずみ ε_{cu}' となったときを破壊と定義する．破壊ひずみ ε_{cu}' は 0.0035 とする.

(1)　断面が破壊する際の荷重 P_u を求め，kN 単位で表せ．ただし，破壊時のコンクリートの圧縮合力の計算には $0.85f_c' \times 0.8x$ の等価応力ブロックを用いてよい．コンクリートの圧縮強度は $f_c' = 25\,\mathrm{N/mm^2}$ とする.

(2)　(1) のときの破壊形態は何と呼ばれるか.

(3)　A_s が $800\,\mathrm{mm}^2$ から次第に増加すると破壊モードが変化していく．この RC はりが「釣合破壊」となる際の鉄筋断面積 A_{sb} を求めよ.

(4)　A_s がさらに増加して $2400\,\mathrm{mm}^2$ となった際の破壊荷重 P_u を求め，kN 単位で表せ.

(5)　(4) のときの破壊形態は何と呼ばれるか.

9.3　コンクリート構造全般 (1)

[1]　図 9.4 に示す鉄筋コンクリート長方形断面がある．圧縮鉄筋と引張鉄筋の断面積は表 9.1 に与えられているように 3 ケースある．コンクリートの圧縮強度は $f_c{}' = 30\,\mathrm{N/mm^2}$ であり，コンクリートの圧縮縁ひずみが $\varepsilon_{cu}{}' = 0.0035$ となったときを破壊と定義する．鉄筋の降伏強度（圧縮・引張とも）とヤング係数はそれぞれ，$f_y = 400\,\mathrm{N/mm^2}$, $E_s = 200\,\mathrm{kN/mm^2}$ とする．破壊時のコンクリートの圧縮力の計算には，等価応力ブロック（$0.85f_c{}' \times 0.8x$）を用いてよい．なお，破壊時のコンクリートの引張抵抗は無視する．また，鉄筋は完全弾塑性体とする．破壊時の断面の曲率 ϕ_u の定義は図 9.5 に示す通りである．以下の各問に答えよ．

表 9.1　鉄筋断面積

ケース	$A_s(\mathrm{mm^2})$	$A_s{}'(\mathrm{mm^2})$
1	4000	0
2	8000	0
3	4000	4000

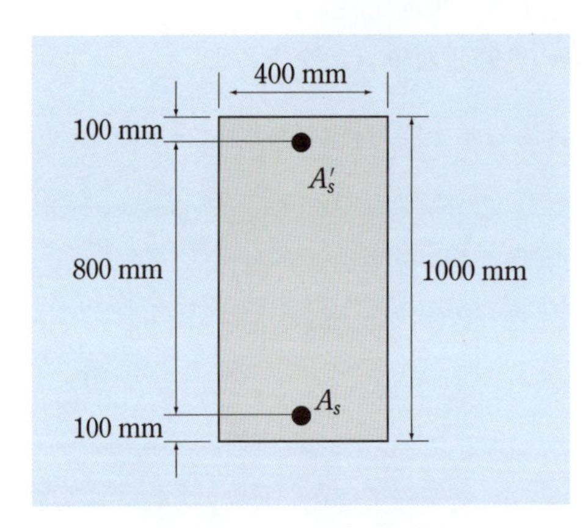

図 9.4　RC 長方形断面

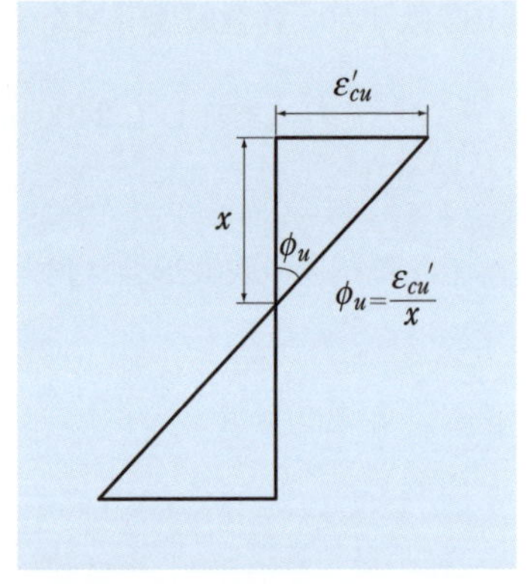

図 9.5　破壊時の曲率の定義

(1)　3 通りの各ケースの断面破壊モーメント M_u（kN·m）と破壊時の断面の曲率 ϕ_u（1/m）を求めよ．

(2)　(1) で得られた結果に基づき，引張鉄筋と圧縮鉄筋が，断面の破壊モーメント M_u と破壊時の曲率 ϕ_u に及ぼす影響について，それぞれ簡潔に説明せよ．

[2]　図 9.6 に示すコの字形の RC 柱（図心軸は A–A′）が偏心圧縮力 N' を受けている．柱の断面は図 9.7 に示す正方形断面である．この場合の断面破壊時の圧縮力 $N_u{}'$ (kN) を計算せよ．ただし，コンクリートの圧縮強度は $f_c{}' = 35\,\mathrm{N/mm^2}$ であり，コンクリートの圧縮縁ひずみが 0.0035 となったときを破壊とする．鉄筋の降伏強度とヤング係数はそれぞれ，$f_y = 400\,\mathrm{N/mm^2}$, $E_s = 200\,\mathrm{kN/mm^2}$ とする．破壊時のコンクリートの圧縮力の計算には，等価応力ブロック（$0.85 f_c{}' \times 0.8x$）を用いてよい．破壊時のコンクリートの引張抵抗は無視する．鉄筋は完全弾塑性体とする．また柱は短柱であると仮定してよい．

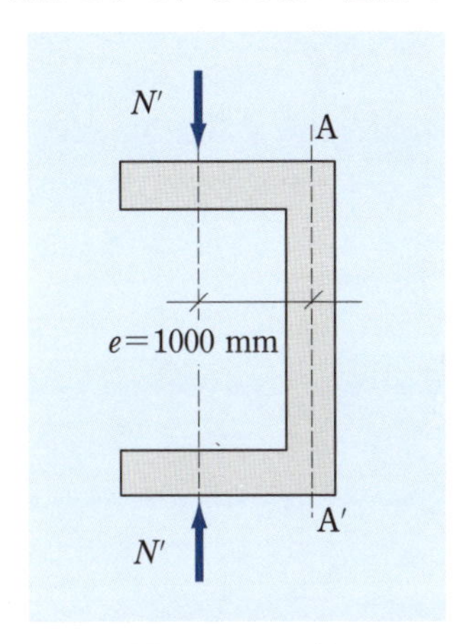

図 9.6　RC 柱

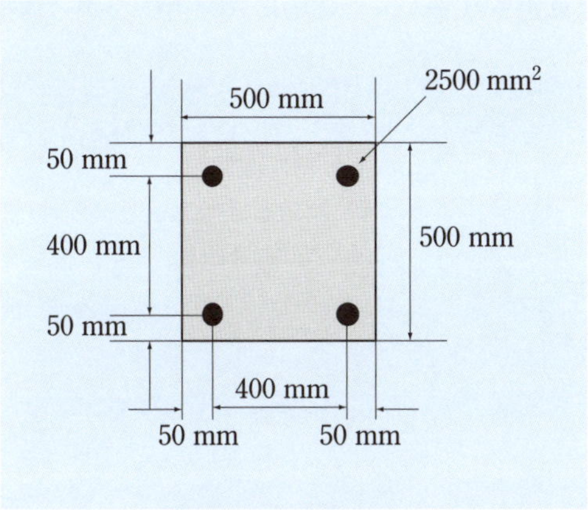

図 9.7　RC 柱断面

なお，柱断面には断面積 $2500\,\mathrm{mm^2}$ の軸方向鉄筋が断面の四隅に配置されている．したがって，軸方向鉄筋の総断面積は $10000\,\mathrm{mm^2}$ となる．

【ヒント】　この問題を定式化すると 3 次方程式が得られる．3 次方程式は Newton 法を用いて，収束計算をすれば解くことができる．仮定した x に対する $f(x)$ とその微分 $f'(x)$ から x の更新値 x^* が得られる．

$$x^* = x - \frac{f(x)}{f'(x)}$$

これを繰り返して，$f(x) = 0$ となる x を近似的に求めればよい．

[3] 以下の各問に答えよ．

(1) 「修正トラス理論」では，RC はりのせん断耐力を，コンクリート貢献分 V_c とせん断補強筋の貢献分 V_s に分けて計算し，これを加算してせん断耐力 V_u を求めている．このうち，コンクリート貢献分 V_c はどのようなメカニズムから得られると考えられているか．3つのメカニズムを挙げて，それぞれを簡潔に説明せよ．

(2) 「修正トラス理論」におけるせん断補強筋の貢献分 V_s はどのようにして算定されるか．具体的に式を用いながら簡潔に説明せよ．

(3) 曲げを受ける RC 部材において，曲げひび割れ幅を計算するとき，どのような考え方に基づいて曲げひび割れ幅を計算するか．これについて簡潔に説明せよ．

9.4　コンクリート構造全般 (2)

[1]　図 9.8 に示すコンクリートはりがスパン中央に集中荷重 P を受けている．断面の諸元は図 9.8 に示す通りである．以下の各問に答えよ．

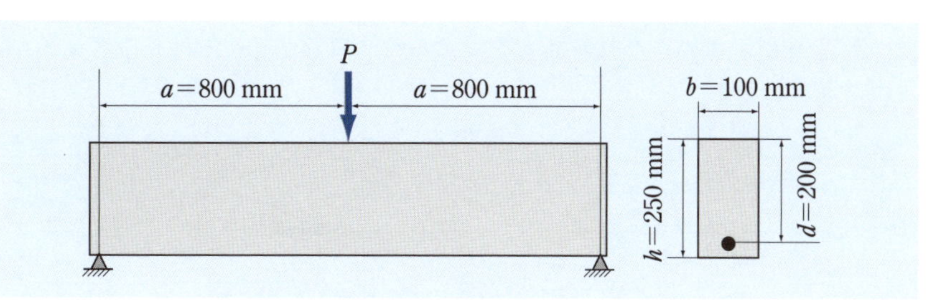

図 9.8　曲げを受ける鉄筋コンクリートはり

(1)　コンクリートの曲げ強度は $f_b = 5.0\,\mathrm{N/mm^2}$ である．このとき，曲げひび割れ発生荷重 $P = P_{cr}$（kN）を求めよ．

(2)　このコンクリートはりに，曲げに対する引張側主鉄筋を図 9.8 に示すように配置する．この鉄筋の断面積を A_s とする．また，降伏強度 $f_y = 400\,\mathrm{N/mm^2}$，ヤング係数 $E_s = 200\,\mathrm{kN/mm^2}$ で完全弾塑性体とする．コンクリートの圧縮強度は $f_c{}' = 30\,\mathrm{N/mm^2}$ で，圧縮破壊ひずみは $\varepsilon_{cu}{}' = 0.0035$ である．また，破壊時の圧縮合力の計算には $0.85 f_c{}' \times 0.8x$ の等価応力ブロックを使用してよい．このとき，釣合破壊に相当する鉄筋断面積 A_{sb}（$\mathrm{mm^2}$）を求めよ．

(3)　作用荷重 $P = 40\,\mathrm{kN}$ に耐えるように引張側主鉄筋を配置することにする．引張側主鉄筋には異形鉄筋を 1 本だけ配置する．この条件を満たす，最小の径の異形鉄筋は表 9.2 のうちのいずれか．計算の過程を明記して，その呼び

表 9.2　異形鉄筋の公称断面積

呼び名	公称断面積 A_s (mm^2)	呼び名	公称断面積 A_s (mm^2)	呼び名	公称断面積 A_s (mm^2)
D6	31.67	D22	387.1	D38	1140.0
D10	71.33	D25	506.7	D41	1340.0
D13	126.7	D29	642.4	D51	2027.0
D16	198.6	D32	794.2		
D19	286.5	D35	956.6		

名を示せ.

(4) 引張側鉄筋にD35が1本配置されているとする．このとき，このはりの曲げ破壊荷重 $P = P_u$（kN）を求めよ.

[2] 図9.9に示すようなせん断力を受ける鉄筋コンクリートはりを考える．以下の各問に答えよ.

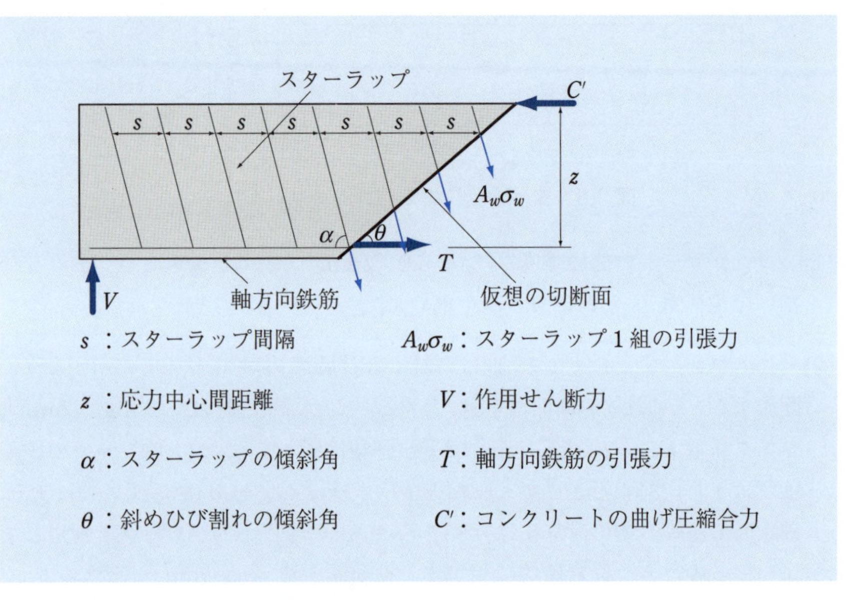

図9.9 斜めひび割れ発生後の鉄筋コンクリートはりのフリーボディ

(1) 図9.9は，斜めひび割れ発生後の鉄筋コンクリートはりのフリーボディを示している．力の釣合条件を考慮し，トラス理論に基づいて，スターラップによるせん断抵抗力 V_s を求める式を誘導せよ.

(2) $\theta = 45°$ としたとき，V_s はどのようになるか示せ.

(3) $\theta = 45°$ で $\alpha = 90°$ としたとき，V_s はどのようになるか示せ.

[3]　コンクリート構造に関するトピックスとそれに関連する複数の専門用語が以下に示されている．与えられた専門用語を用いて各トピックスに対する説明文を作成せよ．専門用語の使用順序は任意である．与えられた専門用語は必ず1回以上使用すること．

(1)　**トピックス**「鉄筋コンクリートはりのせん断耐力」

【専門用語】　斜めひび割れ，トラス理論，修正トラス理論，骨材のかみ合わせ，ダウエル作用，せん断スパン有効高さ比 (a/d)，スターラップ，寸法効果

(2)　**トピックス**「鉄筋コンクリート構造物のひび割れ幅と耐久性」

【専門用語】　ひび割れ幅の限界値，かぶり，耐久性，ひび割れ間隔，テンションスティフニング，鉄筋の平均応力

(3)　**トピックス**「鉄筋コンクリート長柱の耐力」

【専門用語】　2次モーメント，たわみ，軸力，モーメント，短柱，相互作用図，変形，材料非線形

9.5 コンクリート構造全般 (3)

[1] 図 9.10 に示す複鉄筋コンクリート長方形断面がある．断面の諸元は図 9.10 に示す通りである．以下の各問に答えよ．

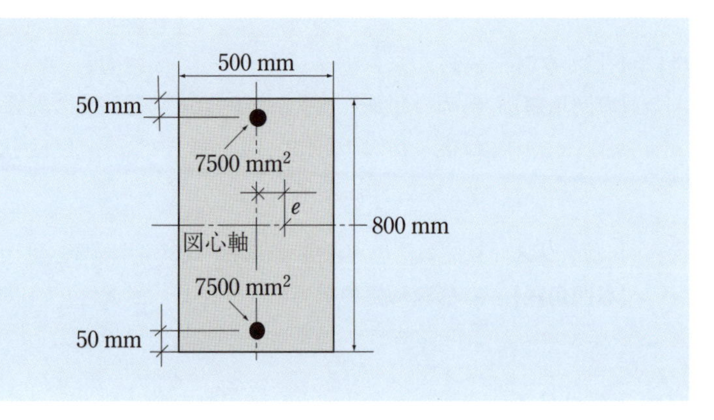

図 9.10 複鉄筋コンクリート長方形断面

(1) この断面が曲げモーメントのみを受けるときの破壊モーメント M_u (kN·m) を計算せよ．ただし，コンクリートの圧縮強度は $f_c{}' = 30\,\mathrm{N/mm^2}$ とし，鉄筋は降伏強度 $f_y = 400\,\mathrm{N/mm^2}$，ヤング係数 $E_s = 200\,\mathrm{kN/mm^2}$ の完全弾塑性体とする．コンクリートの圧縮破壊ひずみは $\varepsilon_{cu}{}' = 0.0035$ とする．破壊時のコンクリートの圧縮合力の計算には $0.85 f_c{}' \times 0.8x$ の等価応力ブロックを使用してよい．

(2) この断面の図心に曲げモーメント M と軸圧縮力 N' を作用させたところ，釣合破壊が生じて破壊に至った．釣合破壊という条件を用いて，その際の破壊モーメント M_u（kN·m）と破壊軸圧縮力 $N_u{}'$（kN）を求めよ．

(3) 断面の図心に曲げモーメントと軸圧縮力を作用させるのではなく，図 9.10 に示すように，(2) で求めた $M_u/N_u{}'$ の値 e だけ図心から離れた位置に軸圧縮力 N' を加えても釣合破壊が生じる．釣合破壊に対応する偏心距離 e_b (m) を求めよ．

(4) $e = 0.2\,\mathrm{m}$ の位置に軸圧縮力 N' を作用させた場合，この断面はどのような曲げ破壊モードとなるか．e_b との比較により，破壊モードを推定せよ．

[2]　図 9.11 に示すように鉄筋コンクリートはりが 2 点対称荷重を受けている．断面の諸元は図 9.11 に示す通りである．以下の各問に答えよ．

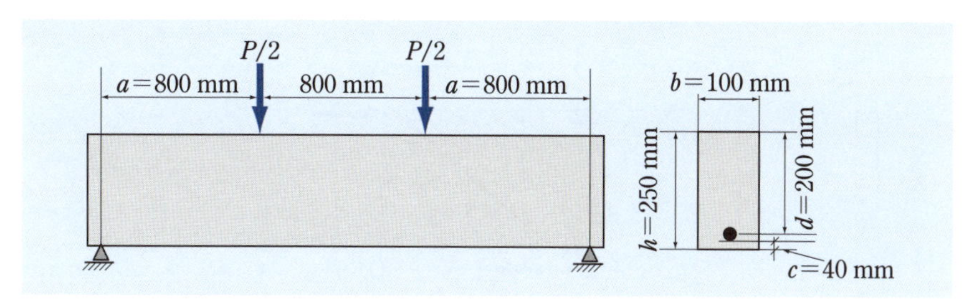

図 9.11　曲げを受ける鉄筋コンクリートはり

(1)　配置されている軸方向鉄筋の断面積は $A_s = 400\,\mathrm{mm}^2$ であった．この鉄筋はヤング係数 $E_s = 200\,\mathrm{kN/mm}^2$，降伏強度 $f_y = 400\,\mathrm{N/mm}^2$ の完全弾塑性体である．作用荷重が $P = 50\,\mathrm{kN}$ であったときの等モーメント区間における鉄筋の平均応力 σ_s（$\mathrm{N/mm}^2$）を求めよ．ただし，コンクリートの圧縮強度は $f_c{}' = 30\,\mathrm{N/mm}^2$ で，圧縮に対してはヤング係数 $E_c = 25\,\mathrm{kN/mm}^2$ の弾性体であり，曲げひび割れがすでに発生していて引張抵抗は無視してよいとする．

(2)　等モーメント区間におけるひび割れ間隔が $l = 5.4c$ と与えられたとき，l（mm）を求めよ．ただし，c は図 9.11 に示されるコンクリートのかぶりである．

(3)　鉄筋の平均ひずみとひび割れ間隔の積として，ひび割れ幅 w（mm）の近似値を計算せよ．

(4)　このときのひび割れ幅の限界値が $w_a = 0.005c$ であったとする．この場合，ひび割れに対する使用性を満足しているか．

[3] 図 9.12 に示すようなせん断力を受ける鉄筋コンクリートはりを考える．以下の各問に答えよ．

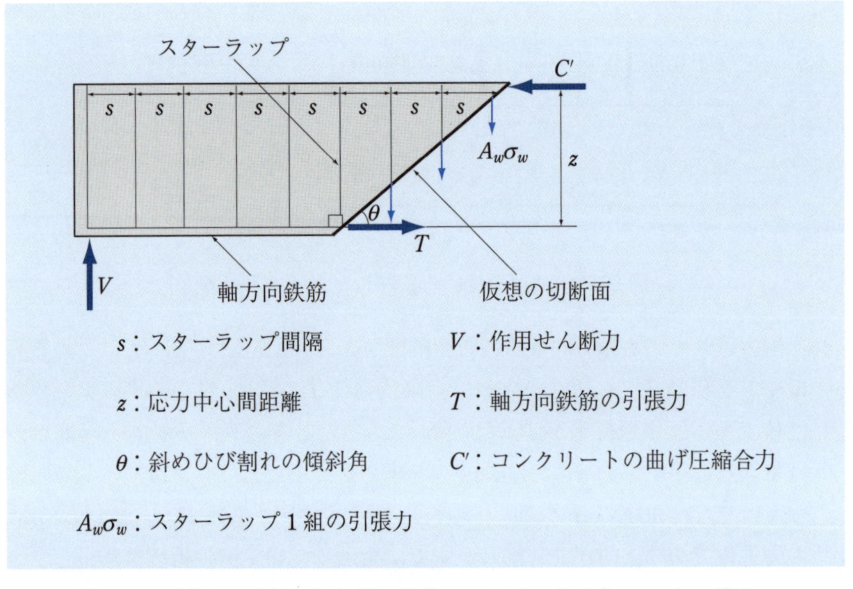

図 9.12 斜めひび割れ発生後の鉄筋コンクリートはりのフリーボディ

(1) 図 9.12 は斜めひび割れ発生後の鉄筋コンクリートはりのフリーボディを示している．力の釣合条件を考慮し，トラス理論に基づいて，スターラップによるせん断抵抗力 V_s を求める式を誘導せよ．

(2) $\theta = 45°$ としたとき，V_s はどのようになるか示せ．

(3) $\theta = 35°$ のとき，スターラップによるせん断抵抗力 V_s は，$\theta = 45°$ のときの何倍となるか．

[4]　図 9.13 に示す鉄筋コンクリート長方形断面の図心に軸圧縮力 N' と曲げモーメント M が作用して図 9.14 に示すような耐力の相互作用図が得られたとする．このとき，図 9.14 中の点 A, B, C における軸方向耐力 $N_u{}'$（kN）と曲げ耐力 M_u（kN·m）を求めよ．曲げモーメントは図心周りの値で表示すること．ただし，鉄筋の断面積は図 9.13 に与えられている．コンクリートの圧縮強度は $f_c{}' = 40\,\mathrm{N/mm^2}$ であり，コンクリートの圧縮縁ひずみが 0.0035 となったときを破壊と定義する．鉄筋の降伏強度（圧縮・引張とも）とヤング係数はそれぞれ，$f_y = 400\,\mathrm{N/mm^2}$, $E_s = 200\,\mathrm{kN/mm^2}$ である．破壊時のコンクリートの圧縮力の計算には，等価応力ブロック（$0.85f_c{}' \times 0.8x$）を用いてよい．破壊時のコンクリートの引張抵抗は無視する．また，鉄筋は完全弾塑性体とする．

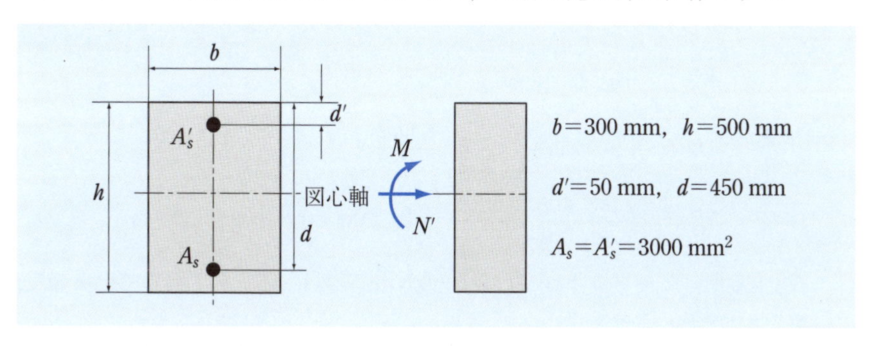

図 9.13　曲げモーメントと軸圧縮力を受ける RC 長方形断面

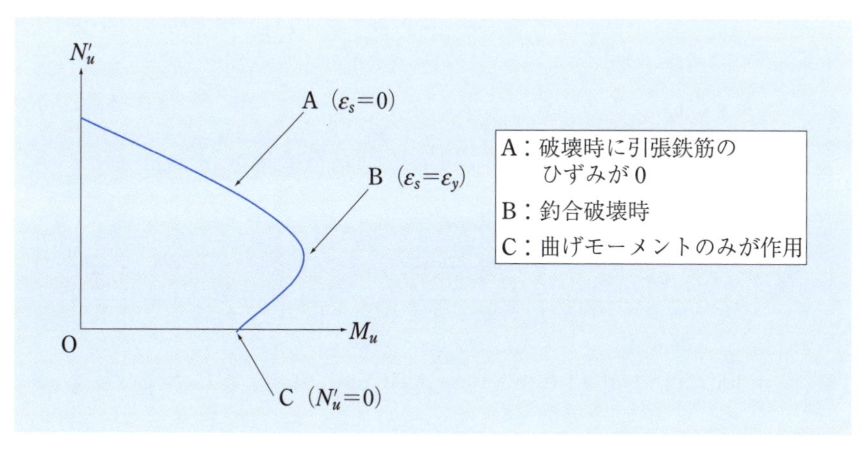

図 9.14　RC 長方形断面耐力の相互作用図

演習問題略解

9.1

(1) ア：変形の適合条件，イ：平面保持，ウ：完全付着

(2)

$$\sigma = \frac{M}{I}y = f_b,$$

$$M_{cr} = \frac{f_b I}{y} = \frac{f_b bh^3}{12}\frac{2}{h} = \frac{f_b bh^2}{6}$$

$$M_{cr} = \frac{4.5 \times 400 \times 600^2}{6} = 108000000 = 108.0\,(\mathrm{kN \cdot m})$$

作用する曲げモーメントが $M = 100\,\mathrm{kN{\cdot}m}$ であり M_{cr} を下回っているので，曲げひび割れは発生しない．

(3) 断面の圧縮縁ひずみを $\varepsilon_c{}'$ とすると，

$$C' = \frac{1}{2}E_c\varepsilon_c{}'bx, \quad T = A_sE_s\varepsilon_s = A_sE_s\frac{d-x}{x}\varepsilon_c{}'$$

$C' = T$ より，

$$\frac{1}{2}E_c\varepsilon_c{}'bx = A_sE_s\frac{d-x}{x}\varepsilon_c{}' \to bx^2 = 2nA_s(d-x)$$

$$bx^2 + 2nA_sx - 2nA_sd = 0$$

$$\therefore \quad x = \frac{-nA_s + \sqrt{(nA_s)^2 + 2nA_sbd}}{b} = \frac{nA_s}{b}\left(-1 + \sqrt{1 + \frac{2bd}{nA_s}}\right)$$

(4) $b = 400\,\mathrm{mm}$, $d = 500\,\mathrm{mm}$, $A_s = 2000\,\mathrm{mm}^2$, $n = E_s/E_c = 8$ である．

$$\therefore \quad x = \frac{8 \times 2000}{400} \times \left(-1 + \sqrt{1 + \frac{2 \times 400 \times 500}{8 \times 2000}}\right) \fallingdotseq 164.0\,(\mathrm{mm})$$

$\sigma_s = f_y = 400\,\mathrm{N/mm^2}$ であるときのモーメントは，上で求めた x を用いて，

$$\therefore \quad M = M_y = A_s f_y \left(d - \frac{x}{3}\right)$$
$$= 2000 \times 400 \times \left(500 - \frac{164.0}{3}\right) = 356267000\,(\mathrm{N \cdot mm})$$
$$\fallingdotseq 356.3\,(\mathrm{kN \cdot m})$$

(5) 断面破壊時の曲げモーメント M_u を等価応力ブロックを使用して求める．断面破壊時は $\varepsilon_{cu}{}' = 0.0035$ である．

コンクリートの圧縮合力は，

$$C' = 0.85 f_c{}' \times 0.8x \times b = 0.68 f_c{}' bx$$

鉄筋の降伏を仮定する．すなわち曲げ引張破壊を仮定すると，

$$T = A_s f_y$$

$C' = T$ より，

$$x = \frac{A_s f_y}{0.68 f_c{}' b} = \frac{2000 \times 400}{0.68 \times 30 \times 400} \fallingdotseq 98.0\,(\mathrm{mm})$$

鉄筋ひずみをチェックすると，

$$\varepsilon_s = \frac{d - x}{x}\varepsilon_{cu}{}' = \frac{500 - 98.0}{98.0} \times 0.0035$$
$$\fallingdotseq 0.014357 > \varepsilon_y = \frac{f_y}{E_s} = \frac{400}{200000} = 0.002$$

で降伏している．

以上，曲げ引張破壊の仮定は正しかったので，このまま計算を進める．

$$\therefore \quad M_u = A_s f_y (d - 0.4x)$$
$$= 2000 \times 400 \times (500 - 0.4 \times 98.0) = 368640000\,(\mathrm{N \cdot m})$$
$$\fallingdotseq 368.6\,(\mathrm{kN \cdot m})$$

(6) 応力–ひずみ曲線を使用する．曲げ引張破壊を仮定すると，

$$T = A_s f_y = 2000 \times 400 = 800000\,(\mathrm{N})$$

$$C' = \int_0^x \sigma_c' b dy = \int_0^{\varepsilon_o'} \sigma_c' b \left(\frac{x}{\varepsilon_{cu}'}\right) d\varepsilon_c' + \int_{\varepsilon_o'}^{\varepsilon_{cu}'} \sigma_c' b \left(\frac{x}{\varepsilon_{cu}'}\right) d\varepsilon_c'$$
$$= \frac{bx}{\varepsilon_{cu}'}\left[\int_0^{\varepsilon_o'} k_1 f_c' \left\{2\left(\frac{\varepsilon_c'}{\varepsilon_o'}\right) - \left(\frac{\varepsilon_c'}{\varepsilon_o'}\right)^2\right\} d\varepsilon_c' + \int_{\varepsilon_o'}^{\varepsilon_{cu}'} k_1 f_c' d\varepsilon_c'\right]$$
$$= \frac{k_1 f_c' bx}{\varepsilon_{cu}'}\left\{\left[\frac{\varepsilon_c'^2}{\varepsilon_o'} - \frac{\varepsilon_c'^3}{3\varepsilon_o'^2}\right]_0^{\varepsilon_o'} + [\varepsilon_c']_{\varepsilon_o}^{\varepsilon_{cu}'}\right\}$$
$$= \frac{k_1 f_c' bx}{\varepsilon_{cu}'}\left(\varepsilon_o' - \frac{\varepsilon_o'}{3} + \varepsilon_{cu}' - \varepsilon_o'\right) = \frac{k_1 f_c' bx}{\varepsilon_{cu}'}\left(\varepsilon_{cu}' - \frac{\varepsilon_o'}{3}\right)$$

所定の数値を代入すると,

$$C' = \frac{0.85 \times 30 \times 400 \times x}{0.0035} \times \left(0.0035 - \frac{0.002}{3}\right) \fallingdotseq 8257.14x$$

$C' = T$ より,

$$x = x_1 \fallingdotseq 96.9\,(\mathrm{mm})$$

一方, (5) で求めた x は 98.0 mm. よって,

$$\frac{x_1}{x} \fallingdotseq 0.989$$

(7) 釣合破壊時の鉄筋断面積 A_{sb}, このときの中立軸の位置を $x = x_b$ とする. 断面破壊時のコンクリートの圧縮力は,

$$C' = 0.85 f_c' \times 0.8x \times b = 0.68 f_c' bx$$

鉄筋降伏時の引張力は,

$$T = A_s f_y$$

$C' = T$ より,

$$x_b = \frac{A_{sb} f_y}{0.68 f_c' b}$$

したがって,

$$A_{sb} = \frac{0.68 f_c' b x_b}{f_y}$$

ひずみの適合条件より,

$$\varepsilon_{cu}' : \varepsilon_y = x_b : (d - x_b)$$

$$\therefore \quad x_b = \frac{\varepsilon_{cu}'}{\varepsilon_{cu}' + \varepsilon_y} d = \frac{0.0035}{0.0035 + 0.002} \times 500 \fallingdotseq 318.18\,(\mathrm{mm})$$

これより，

$$\therefore \quad A_{sb} = \frac{0.68 f_c{}' b x_b}{f_y} = \frac{0.68 \times 30 \times 400 \times 318.18}{400} \fallingdotseq 6490.9\,(\mathrm{mm}^2)$$

(8) $A_s = 8000\,\mathrm{mm}^2$ のときは，(7) の結果から**曲げ圧縮破壊**と予測できる．

$$C' = 0.68 f_c{}' b x, \quad T = A_s E_s \varepsilon_s = A_s E_s \frac{d-x}{x} \varepsilon_{cu}'$$

力の釣合より，

$$0.68 f_c{}' b x = A_s E_s \frac{d-x}{x} \varepsilon_{cu}'$$
$$0.68 \times 30 \times 400 \times x = 8000 \times 200000 \times \frac{500-x}{x} \times 0.0035$$
$$8160x = 5600000 \times \frac{500-x}{x} \to x^2 = 686.2745(500-x)$$

$$\therefore \quad x \fallingdotseq 335.7\,(\mathrm{mm})$$

確かに，

$$\varepsilon_s = \frac{d-x}{x} \varepsilon_{cu}' = \frac{500-335.7}{335.7} \times 0.0035 \fallingdotseq 0.001713 < \varepsilon_y$$

で曲げ圧縮破壊となっている．

このときの圧縮鉄筋の応力は，

$$\sigma_s = E_s \varepsilon_s = 342.6\,(\mathrm{N/mm}^2)$$

$$\therefore \quad M_u = A_s \sigma_s (d - 0.4x) = 8000 \times 342.6 \times (500 - 0.4 \times 335.7)$$
$$\fallingdotseq 1002.4\,(\mathrm{kN \cdot m})$$

(9) $A_s = 8000\,\mathrm{mm}^2$, $A_s{}' = 8000\,\mathrm{mm}^2$ のときの断面の破壊モーメント M_u を求める．断面の曲げ引張側の鉄筋は引張で降伏し，曲げ圧縮側の鉄筋は圧縮を受けるが，弾性的であると仮定する．

すなわち**曲げ引張破壊**を仮定する．コンクリートの圧縮力を $C_c{}'$，圧縮鉄筋の圧縮力を $C_s{}'$，引張鉄筋の引張力を T_s とする．

$$C_c{}' = 0.68 f_c{}' b x, \quad C_s{}' = A_s{}' E_s \varepsilon_s{}', \quad T_s = A_s f_y$$
$$C_c{}' = 0.68 \times 30 \times 400 \times x = 8160x, \quad T_s = 8000 \times 400 = 3200000$$

$$C_s{}' = 8000 \times 200000 \times \frac{x-d'}{x} \times 0.0035 = 5600000 \times \frac{x-100}{x}$$

力の釣合より，

$$8160x + 5600000\frac{x-100}{x} = 3200000$$
$$\rightarrow x^2 + 294.118x - 68627.451 = 0$$

$\therefore \quad x \fallingdotseq 153.4\,(\mathrm{mm})$

ひずみのチェック

$$\varepsilon_s = \frac{d-x}{x}\varepsilon_{cu}{}' = \frac{500-153.4}{153.4} \times 0.0035 \fallingdotseq 0.007908 > \varepsilon_y$$

$\Rightarrow$ 仮定は正しい.

$$\varepsilon_s{}' = \frac{x-d'}{x}\varepsilon_{cu}{}' = \frac{153.4-100}{153.4} \times 0.0035 \fallingdotseq 0.0012184 < \varepsilon_y$$

$\Rightarrow$ 仮定は正しい.

$$\sigma_s{}' \fallingdotseq 243.7\,(\mathrm{N/mm^2})$$

引張鉄筋は降伏し，圧縮鉄筋は弾性状態．この破壊形式は**曲げ引張破壊**である．

念のため，力の釣合をチェックすると，

$$T = A_s f_y = 8000 \times 400 = 3200000\,(\mathrm{N})$$
$$C_c{}' = 0.68 f_c{}' bx = 0.68 \times 30 \times 400 \times 153.4 = 1251744\,(\mathrm{N})$$
$$C_s{}' = A_s{}'\sigma_s{}' = 8000 \times 243.7 = 1949600\,(\mathrm{N})$$
$$C = C_c{}' + C_s{}' = 1251744 + 1949600 = 3201344 \fallingdotseq T = 3200000$$

で OK.

曲げ破壊モーメントは引張鉄筋周りで考えて，

$$\therefore \quad M_u = C_c{}'(d-0.4x) + C_s{}'(d-d')$$
$$= 1251744 \times (500 - 0.4 \times 153.4) + 1949600 \times (500-100)$$
$$\fallingdotseq 1328.9\,(\mathrm{kN \cdot m})$$

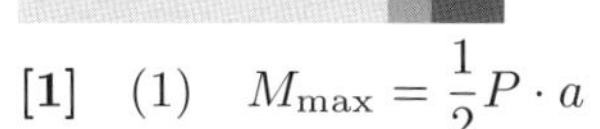

9.2

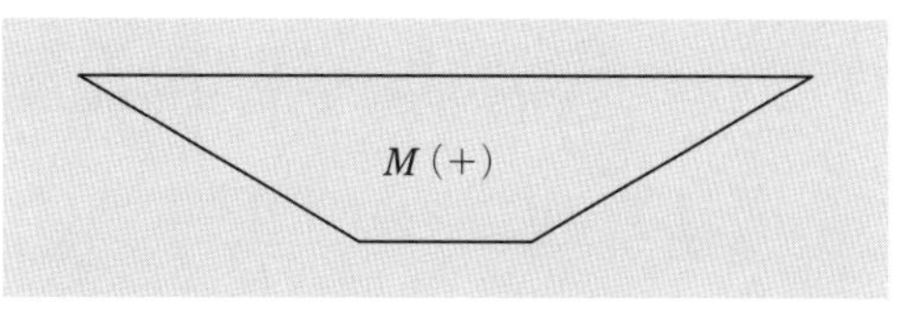

曲げモーメント図

[1] (1) $M_{\max} = \frac{1}{2} P \cdot a$

(2) $\sigma = \frac{M}{I} y = f_b$,

$$M_{cr} = \frac{f_b I}{y} = \frac{P_{cr} \cdot a}{2}$$

$$\therefore \quad P_{cr} = \frac{2}{a} \frac{f_b I}{y} = \frac{2}{3h} f_b \frac{\frac{bh^3}{12}}{\frac{h}{2}} = \frac{2 f_b bh^3}{3h \cdot 12} \cdot \frac{2}{h} = \frac{f_b bh}{9} = \frac{f_b h^2}{18}$$

(3) $h = 400\,\text{mm}$, $f_b = 4.5\,\text{N/mm}^2$ より,

$$P_{cr} = \frac{f_b h^2}{18} = \frac{4.5 \times 400^2}{18} = 40000\,(\text{N}) = 40\,(\text{kN})$$

[2] (1) はりの圧縮縁のひずみを $\varepsilon_{cc}{}'$ とする.

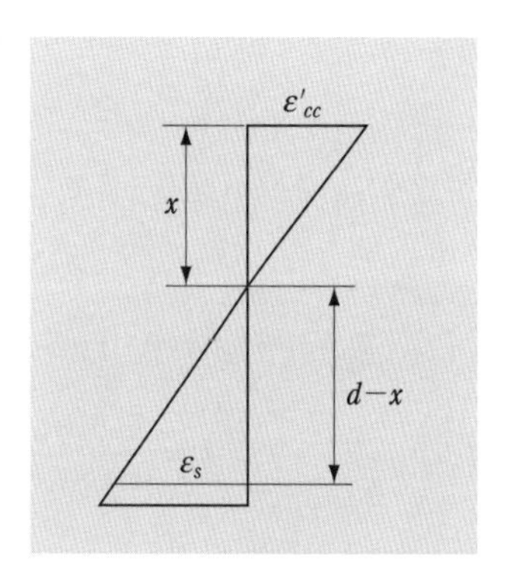

ひずみ分布

$$C' = \frac{1}{2} E_c \varepsilon_{cc}{}' bx,$$

$$T = A_s E_s \frac{d-x}{x} \varepsilon_{cc}{}'$$

$C' = T$ より,

$$\frac{1}{2} E_c \varepsilon_{cc}{}' bx = A_s E_s \frac{d-x}{x} \varepsilon_{cc}{}'$$

$$bx^2 = 2nA_s(d-x)$$

$$bx^2 + 2nA_s x - 2nA_s d = 0$$

$$\therefore \quad x = \frac{-nA_s + \sqrt{(nA_s)^2 + 2nA_s bd}}{b} = \frac{nA_s}{b} \left(-1 + \sqrt{1 + \frac{2bd}{nA_s}} \right)$$

(2) $b = 200\,\text{mm}$, $d = 360\,\text{mm}$, $a = 1200\,\text{mm}$, $A_s = 800\,\text{mm}^2$, $n = E_s/E_c = 200/20 = 10$ であるので,

$$x = \frac{10 \times 800}{200} \times \left(-1 + \sqrt{1 + \frac{2 \times 200 \times 360}{10 \times 800}} \right) \fallingdotseq 134.4\,(\text{mm})$$

$$M = A_s\sigma_s\left(d - \frac{x}{3}\right) = A_s \times 0.8 f_y\left(d - \frac{x}{3}\right)$$
$$= 800 \times 0.8 \times 400 \times \left(360 - \frac{134.4}{3}\right) = 80691200\,(\mathrm{N \cdot mm})$$
$$\therefore \quad P = \frac{2M}{a} = \frac{2 \times 80691200}{1200} = 134485\,(\mathrm{N}) \fallingdotseq 134.5\,(\mathrm{kN})$$

(3) $\sigma_s = f_y = 400\,\mathrm{N/mm^2}$ であるので，

$$M = A_s\sigma_s\left(d - \frac{x}{3}\right) = A_s \times f_y\left(d - \frac{x}{3}\right)$$
$$= 800 \times 400 \times \left(360 - \frac{134.4}{3}\right) = 100864000\,(\mathrm{N \cdot mm})$$
$$\therefore \quad P = \frac{2M}{a} = \frac{2 \times 100864000}{1200} = 168107\,(\mathrm{N}) \fallingdotseq 168.1\,(\mathrm{kN})$$

[3] (1) **曲げ引張破壊**と仮定する．等価応力ブロックより，

$$C' = 0.85 f_c{}' \times 0.8x \times b = 0.68 f_c{}' bx$$

また曲げ引張破壊より，

$$T = A_s f_y$$

となる．$C' = T$ より，

$$x = \frac{A_s f_y}{0.68 f_c{}' b} = \frac{800 \times 400}{0.68 \times 25 \times 200} \fallingdotseq 94.1\,(\mathrm{mm})$$

$$\varepsilon_s = \frac{d - x}{x}\varepsilon_{cu}{}' = \frac{360 - 94.1}{94.1} \times 0.0035 = 0.00989 > \varepsilon_y = 0.002$$

となり，鉄筋はすでに降伏している．仮定は正しい．

$$M_u = T_y(d - 0.4x) = 800 \times 400 \times (360 - 0.4 \times 94.1)$$
$$= 103155200\,(\mathrm{N \cdot mm})$$

$$\therefore \quad P_u = \frac{2M_u}{a} = \frac{2 \times 103155200}{1200} = 171925\,(\mathrm{N}) \fallingdotseq 171.9\,(\mathrm{kN})$$

(2) (1) の破壊は，破壊時にすでに引張側の鉄筋が降伏しているので，**曲げ引張破壊**.

(3) 釣合破壊のときは,

$$\varepsilon_s = \frac{d-x}{x} \cdot \varepsilon_{cu}' = \varepsilon_y$$

$$\to \varepsilon_y \cdot x = \varepsilon_{cu}'(d-x)$$

$$\to x = \frac{\varepsilon_{cu}'}{\varepsilon_y + \varepsilon_{cu}'} \cdot d$$

$$\therefore \quad x = \frac{0.0035}{0.002+0.0035} \times 360$$

$$\fallingdotseq 229.1\,(\text{mm})$$

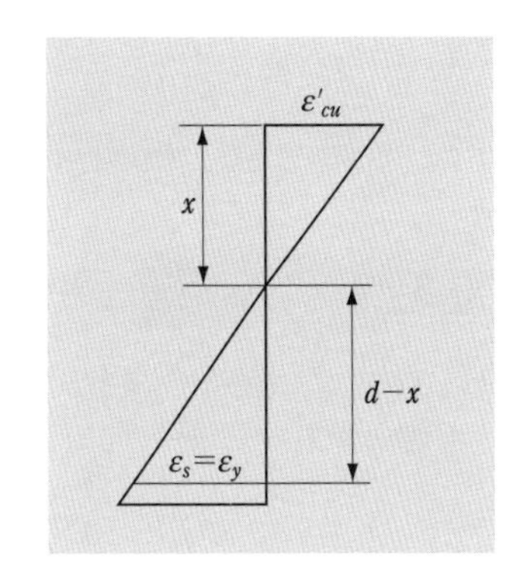

釣合破壊時の断面のひずみ分布

一方, $A_s f_y = 0.68 f_c{}' bx$ より,

$$A_s = \frac{0.68 f_c{}' bx}{f_y}$$

よって, 釣合破壊に対応する鉄筋断面積 A_{sb} は,

$$A_{sb} = \frac{0.68 \times 25 \times 200 \times 229.1}{400} \fallingdotseq 1947.4\,(\text{mm}^2)$$

(4) $A_s = 2400\,\text{mm}^2$ のときは, (3) の結果から考えて, 鉄筋は降伏していないと判断される.

$$C' = 0.68 f_c{}' bx = 0.68 \times 25 \times 200x = 3400x\,(\text{N})$$

$$T = A_s E_s \varepsilon_s = A_s E_s \frac{d-x}{x} \varepsilon_{cu}'$$

$$= 2400 \times 200000 \times \frac{360-x}{x} \times 0.0035 = 1680000 \times \frac{360-x}{x}$$

$C' = T$ より,

$$3400x = 1680000 \times \frac{360-x}{x}$$

この 2 次式を解くと, $x \fallingdotseq 241.7\,\text{mm}$.

$$\varepsilon_s = \frac{d-x}{x} \cdot \varepsilon_{cu}' = \frac{360-241.7}{241.7} \times 0.0035 \fallingdotseq 0.001713 < \varepsilon_y = 0.002$$

となり, 仮定は正しい.

$$M_u = A_s \sigma_s (d - 0.4x)$$

$$= 2400 \times 0.001713 \times 200000 \times (360 - 0.4 \times 241.7)$$

$$= 216512237\,(\text{N} \cdot \text{mm})$$

$$\therefore \quad P_u = \frac{2M_u}{a} = \frac{2 \times 216512237}{1200} = 360854\,(\mathrm{N}) \fallingdotseq 360.9\,(\mathrm{kN})$$

(5) (4) の破壊は，破壊時に引張鉄筋が降伏していないので，**曲げ圧縮破壊**.

9.3

[1] (1) ケース 1 の場合，$A_s = 4000\,\mathrm{mm}^2$, $A_s{}' = 0$ である．引張鉄筋の降伏を仮定する．

$$C_c{}' = 0.85 f_c{}' \times 0.8x \times b = 0.68 f_c{}' bx, \quad T_s = A_s f_y, \quad C_c{}' = T_s$$

より，

$$x = \frac{A_s f_y}{0.68 f_c{}' b} = \frac{4000 \times 400}{0.68 \times 30 \times 400} \fallingdotseq 196.1\,(\mathrm{mm})$$

$$\varepsilon_s = \frac{d-x}{x}\varepsilon_{cu}{}' = \frac{900-196.1}{196.1} \times 0.0035 \fallingdotseq 0.01256 > \varepsilon_y = 0.002$$

となり，確かに降伏している．

$$\therefore \quad M_u = T_y(d - 0.4x) = 4000 \times 400 \times (900 - 0.4 \times 196.1)$$

$$\fallingdotseq 1314.5\,(\mathrm{kN \cdot m})$$

$$\therefore \quad \phi_u = \frac{\varepsilon_{cu}{}'}{x} = \frac{0.0035}{0.1961} \fallingdotseq 0.01785\,(\mathrm{m}^{-1})$$

ケース 2 の場合，$A_s = 8000\,\mathrm{mm}^2$, $A_s{}' = 0$ である．引張鉄筋の降伏を仮定する．

$$C_c{}' = 0.68 f_c{}' bx, \quad T_s = A_s f_y, \quad C_c{}' = T_s$$

より，

$$x = \frac{A_s f_y}{0.68 f_c{}' b} = \frac{8000 \times 400}{0.68 \times 30 \times 400} \fallingdotseq 392.2\,(\mathrm{mm})$$

$$\varepsilon_s = \frac{d-x}{x}\varepsilon_{cu}{}' = \frac{900-392.2}{392.2} \times 0.0035 \fallingdotseq 0.00453 > \varepsilon_y = 0.002$$

となり，確かに降伏している．

$$\therefore \quad M_u = T_y(d - 0.4x) = 8000 \times 400 \times (900 - 0.4 \times 392.2)$$

$$\fallingdotseq 2378.0\,(\mathrm{kN \cdot m})$$

$$\therefore \quad \phi_u = \frac{\varepsilon_{cu}{}'}{x} = \frac{0.0035}{0.3922} \fallingdotseq 0.00892\,(\mathrm{m}^{-1})$$

ケース3の場合，$A_s = A_s{}' = 4000\,\mathrm{mm}^2$ である．引張鉄筋は降伏，圧縮鉄筋は弾性状態と仮定する．

$$C_c{}' = 0.68 f_c{}' bx, \quad C_s{}' = A_s{}' E_s \varepsilon_s{}', \quad T_s = A_s f_y, \quad C_c{}' + C_s{}' = T_s$$

より，

$$0.68 f_c{}' bx + A_s{}' E_s \frac{x - d'}{x} \varepsilon_{cu}{}' = A_s f_y$$

$$0.68 \times 30 \times 400 \times x + 4000 \times 200000 \times \frac{x - 100}{x} \times 0.0035 = 4000 \times 400$$

$$8160x + 2800000 \frac{x - 100}{x} = 1600000 \to x \fallingdotseq 125.8\,(\mathrm{mm})$$

$$\varepsilon_s = \frac{d - x}{x} \varepsilon_{cu}{}' = \frac{900 - 125.8}{125.8} \times 0.0035 \fallingdotseq 0.02154 > \varepsilon_y = 0.002$$

$$\varepsilon_s{}' = \frac{x - d'}{x} \varepsilon_{cu}{}' = \frac{125.8 - 100}{125.8} \times 0.0035 \fallingdotseq 0.0007178 < \varepsilon_y = 0.002$$

となり，引張鉄筋は降伏し，圧縮鉄筋は弾性状態となっている．

$$\begin{aligned} \therefore \quad M_u &= C_c{}'(d - 0.4x) + C_s{}'(d - d') \\ &= 8160 \times 125.8 \times (900 - 0.4 \times 125.8) \\ &\quad + 4000 \times 200000 \times 0.0007178 \times (900 - 100) \\ &\fallingdotseq 1331.6\,(\mathrm{kN \cdot m}) \end{aligned}$$

$$\therefore \quad \phi_u = \frac{\varepsilon_{cu}{}'}{x} = \frac{0.0035}{0.1258} \fallingdotseq 0.02782\,(\mathrm{m}^{-1})$$

(2)　圧縮鉄筋が配置されていない場合で曲げ引張破壊が生じる場合，引張鉄筋の面積を増加させると，破壊時の曲げモーメントは引張鉄筋の断面積の増加とともに増加する．しかし，破壊時の曲率はこれとは逆に減少し，断面の変形能力が低下する．曲げ引張破壊の場合，配置された圧縮鉄筋は，破壊時の曲げモーメントをわずかに増加させるにすぎないが，破壊時の曲率を大きく増加させ，断面の変形能力を向上させる．

[2]　引張鉄筋は降伏し，圧縮鉄筋は弾性状態にあると仮定する．すなわち，**曲げ引張破壊**を仮定する．コンクリートの圧縮合力の計算には等価応力ブロックを使用する．

$$C_c{}' = 0.68 f_c{}' bx, \quad C_s{}' = A_s{}' E_s \varepsilon_s{}' = A_s{}' E_s \frac{x-d'}{x} \varepsilon_{cu}{}', \quad T_s = A_s f_y$$

力の釣合条件から，

$$C_c{}' + C_s{}' - T_s = N_u{}'$$

作用モーメントと図心軸周りの抵抗モーメントの釣合から，

$$M_u = N_u{}' e = C_c{}' \left(\frac{h}{2} - 0.4x \right) + C_s{}' \left(\frac{h}{2} - d' \right) + T_s \left(d - \frac{h}{2} \right)$$

以上より，

$$\left(C_c{}' + C_s{}' - T_s \right) e = C_c{}' \left(\frac{h}{2} - 0.4x \right) + C_s{}' \left(\frac{h}{2} - d' \right) + T_s \left(d - \frac{h}{2} \right)$$

$$\left(0.68 f_c{}' bx + A_s{}' E_s \frac{x-d'}{x} \varepsilon_{cu}{}' - A_s f_y \right) e$$

$$= 0.68 f_c{}' bx \left(\frac{h}{2} - 0.4x \right) + A_s{}' E_s \frac{x-d'}{x} \varepsilon_{cu}{}' \left(\frac{h}{2} - d' \right) + A_s f_y \left(d - \frac{h}{2} \right)$$

$$\left(11900x + 3500000 \frac{x-50}{x} - 2000000 \right) \times 1000$$

$$= 11900x(250 - 0.4x) + 3500000 \frac{x-50}{x} (250 - 50) + 2000000(450 - 250)$$

整理すると，

$$11900x^2 + 3500000(x - 50) - 2000000x$$

$$= 11.9x^2(250 - 0.4x) + 700000(x - 50) + 400000x$$

$$4.76x^3 + 8925x^2 + 400000x - 140000000 = 0$$

$$x^3 + 1875x^2 + 84033.6x - 29411764.7 = 0$$

となり，x に関する 3 次方程式が得られる．

ここで，

$$f(x) = x^3 + 1875x^2 + 84033.6x - 29411764.7$$

とおくと，その微分は

$$f'(x) = 3x^2 + 3750x + 84033.6$$

$f'(x) = 0$ の解は $x = -1227.2, -22.8$ なので，ここで $f(x)$ は極大，極小となる．また，$f(0) = -29411764.7 < 0$ より，$x > 0$ の解は1個だけと判断される．以下，Newton 法を実施する．

	x	$f(x)$	$f'(x)$	x^*
①	0	−29411764.7	84033.6	350.0
②	350.0	272562495.3	1764033.6	195.5
③	195.5	66151831.7	931819.4	124.5
④	124.5	12043168.4	597409.4	104.3
⑤	104.3	884735.0	507794.1	102.6
⑥	102.6	27803.2	500363.9	102.54
⑦	102.54	−2210.7	500102.0	102.54

以上より，$x = 102.54\,\mathrm{mm}$ が得られた．このとき，鉄筋のひずみを確認すると，

$$\varepsilon_s = \frac{d-x}{x}\varepsilon_{cu}' = \frac{450-102.54}{102.54} \times 0.0035 \fallingdotseq 0.01186 > \varepsilon_y = 0.002$$

$$\varepsilon_s' = \frac{x-d'}{x}\varepsilon_{cu}' = \frac{102.54-50}{102.54} \times 0.0035 \fallingdotseq 0.0017933 < \varepsilon_y = 0.002$$

となり，仮定は正しいことが確認された．

$$C_c' = 0.68 f_c' b x = 0.68 \times 35 \times 500 \times 102.54 \fallingdotseq 1220.2\,(\mathrm{kN})$$

$$C_s' = A_s' \sigma_s' = 2500 \times 2 \times 0.0017933 \times 200000 = 1793.3\,(\mathrm{kN})$$

$$T_s = A_s f_y = 2500 \times 2 \times 400 = 2000\,(\mathrm{kN})$$

$$\therefore \quad N_u' = C_c' + C_s' - T_s = 1013.5\,(\mathrm{kN})$$

[3] (1)，(2) 6章を参照せよ．

(3) 5章を参照せよ．

9.4

[1] (1) 曲げひび割れ発生荷重を P_{cr} とすると，

$$\sigma = \frac{M}{I} y = f_b, \quad M = \frac{Pa}{2}$$

$$\to \quad P_{cr} = \frac{2}{a}\frac{f_b I}{y} = \frac{2 f_b b h^3}{12a \cdot \frac{h}{2}} = \frac{f_b b h^2}{3a} = \frac{5.0 \times 100 \times 250^2}{3 \times 800} \fallingdotseq 13.0\,(\mathrm{kN})$$

(2) 釣合破壊時は，コンクリートの圧縮縁ひずみが破壊ひずみで，引張鉄筋ひずみが降伏ひずみとなっている．このときの中立軸位置 x_b は，

$$\varepsilon_s = \varepsilon_y = \frac{d-x}{x}\varepsilon_{cu}' \to x = x_b = \frac{\varepsilon_{cu}'}{\varepsilon_{cu}' + \varepsilon_y}d$$

一方，力の釣合より，

$$T_s = A_s f_y = C_c' = 0.68 f_c' b x$$

したがって，

$$A_s = A_{sb} = \frac{0.68 f_c' b x_b}{f_y} = \frac{0.68 f_c' b}{f_y}\frac{\varepsilon_{cu}'}{\varepsilon_{cu}' + \varepsilon_y}d$$
$$= \frac{0.68 \times 30 \times 100}{400}\frac{0.0035 \times 200}{0.0035 + 0.002} \fallingdotseq 649.1\,(\mathrm{mm}^2)$$

(3) 曲げ耐力を仮に，$M_u = (7d/8)A_s f_y$ と簡易に評価することにすると，$P = 40\,\mathrm{kN}$ に対応する鉄筋断面積は，

$$A_s = \frac{8M_u}{7f_y d} = \frac{8 \times 40000 \times 800}{2 \times 7 \times 400 \times 200} \fallingdotseq 228.6\,(\mathrm{mm}^2)$$

鉄筋の呼び名と公称断面積の関係より，D16，D19 のあたりが対応すると予想される．

D16 の場合，$A_s = 198.6\,\mathrm{mm}^2$ である．曲げ耐力を計算する．

$$x = \frac{A_s f_y}{0.68 f_c' b} = \frac{198.6 \times 400}{0.68 \times 30 \times 100} \fallingdotseq 38.9\,(\mathrm{mm})$$

$$M_u = A_s f_y (d - 0.4x) = 198.6 \times 400 \times (200 - 0.4 \times 38.9)$$
$$\fallingdotseq 14.7\,(\mathrm{kN \cdot m})$$

$$\therefore \quad P_u = \frac{2M_u}{a} = \frac{2 \times 14.7}{0.8} \fallingdotseq 36.8\,(\mathrm{kN}) < 40\,(\mathrm{kN})$$

で条件を満たさない．

D19 の場合，$A_s = 286.5\,\mathrm{mm}^2$ である．曲げ耐力を計算する．

$$x = \frac{A_s f_y}{0.68 f_c' b} = \frac{286.5 \times 400}{0.68 \times 30 \times 100} \fallingdotseq 56.2\,(\mathrm{mm})$$

$$M_u = A_s f_y(d - 0.4x) = 286.5 \times 400 \times (200 - 0.4 \times 56.2)$$
$$\fallingdotseq 20.3\,(\mathrm{kN \cdot m})$$
$$\therefore \quad P_u = \frac{2M_u}{a} = \frac{2 \times 20.3}{0.8} \fallingdotseq 50.8\,(\mathrm{kN}) > 40\,(\mathrm{kN})$$

で条件を満足する．

(4) D35 の公称断面積は $A_s = 956.6\,\mathrm{mm}^2$ で，(2) で求めた釣合破壊に対応する断面積よりも大きい．したがってこの場合は，**曲げ圧縮破壊**となる．

$$T_s = A_s E_s \varepsilon_s = A_s E_s \frac{d - x}{x} \varepsilon_{cu}{}', \quad C_c{}' = 0.68 f_c{}' bx \to C_c{}' = T_s$$

より，

$$0.68 \times 30 \times 100 \times x = 956.6 \times 200000 \times 0.0035 \times \frac{200 - x}{x}$$
$$2040x = 669620 \frac{200 - x}{x} \to 2040x^2 + 669620x - 133924000 = 0$$
$$\therefore \quad x \fallingdotseq 140.2\,(\mathrm{mm})$$

鉄筋ひずみは，

$$\varepsilon_s = \frac{d - x}{x} \varepsilon_{cu}{}' = \frac{200 - 140.2}{140.2} \times 0.0035 \fallingdotseq 0.0014929$$
$$\sigma_s \fallingdotseq 298.6\,(\mathrm{N/mm^2})$$

よって，破壊荷重は，

$$M_u = A_s \sigma_s (d - 0.4x) = 956.6 \times 298.6 \times (200 - 0.4 \times 140.2)$$
$$\fallingdotseq 41.1\,(\mathrm{kN \cdot m})$$
$$\therefore \quad P_u = \frac{2M_u}{a} = \frac{2 \times 41.1}{0.8} \fallingdotseq 102.8\,(\mathrm{kN})$$

[2] (1) 仮想の切断面に配置されたスターラップを n 組とすると，

$$n = \frac{z(\cot\alpha + \cot\theta)}{s}$$

スターラップ 1 組の引張力は $T_w = A_w \sigma_w$ である．これが α 傾斜していることを考慮して，せん断力との釣合を考えると，

$$V_s = A_w \sigma_w n \sin\alpha = A_w \sigma_w \frac{z}{s} (\cot\alpha + \cot\theta) \sin\alpha$$

(2) $\theta = 45^\circ$ のときは，$\cot\theta = 1$ なので，

$$V_s = A_w \sigma_w n \sin\alpha = A_w \sigma_w \frac{z}{s}(\cot\alpha + 1)\sin\alpha = A_w \sigma_w \frac{z}{s}(\sin\alpha + \cos\alpha)$$

(3) さらに，$\alpha = 90^\circ$ のときは，$\sin\alpha = 1, \cos\alpha = 0$ なので，

$$V_s = A_w \sigma_w \frac{z}{s}(\sin\alpha + \cos\alpha) = A_w \sigma_w \frac{z}{s}$$

[3] それぞれ，6 章，5 章，4 章を参照せよ．

9.5

[1] (1) 曲げモーメントのみを受け，断面破壊時に引張鉄筋は降伏し，圧縮鉄筋は弾性状態にある，すなわち**曲げ引張破壊**であると仮定する．コンクリートの圧縮合力を C_c'，圧縮鉄筋の圧縮力を C_s'，引張鉄筋の引張力を T_s とする．

$$C_c' = 0.68 f_c' bx, \quad C_s' = A_s' E_s \varepsilon_s' = A_s' E_s \frac{x - d'}{x}\varepsilon_{cu}', \quad T_s = A_s f_y$$

力の釣合条件より，

$$C_c' + C_s' - T_s = 0 \rightarrow 0.68 f_c' bx + A_s' E_s \frac{x - d'}{x}\varepsilon_{cu}' = A_s f_y$$

$$0.68 \times 30 \times 500 \times x + 7500 \times 200000 \times 0.0035 \times \frac{x - 50}{x} = 7500 \times 400$$

$$10200x + 5250000 \frac{x - 50}{x} = 3000000$$

$$1.02x^2 + 525(x - 50) - 300x = 0$$

$$1.02x^2 + 225x - 26250 = 0$$

$$\therefore \quad x = \frac{-225 + \sqrt{225^2 + 4 \times 1.02 \times 26250}}{2 \times 1.02} \fallingdotseq 84.4\,(\mathrm{mm})$$

引張鉄筋のひずみは，

$$\varepsilon_s = \frac{d - x}{x}\varepsilon_{cu}' = \frac{750 - 84.4}{84.4} \times 0.0035 \fallingdotseq 0.0276 > \varepsilon_y = 0.002$$

で降伏している．一方，圧縮鉄筋は，

$$\varepsilon_s' = \frac{x - d'}{x}\varepsilon_{cu}' = \frac{84.4 - 50}{84.4} \times 0.0035 \fallingdotseq 0.0014265 < \varepsilon_y = 0.002$$

で弾性状態となっていて，仮定は正しい．

$$C_c{}' = 10200x = 10200 \times 84.4 = 860880\,(\mathrm{N})$$
$$C_s{}' = 7500 \times 200000 \times 0.0014265 = 2139750\,(\mathrm{N})$$
$$C_c{}' + C_s{}' = 3000630 \fallingdotseq T_s = 3000000$$

破壊モーメント M_u を求める．図心周りで考えて，

$$\begin{aligned} M_u &= C_c{}'\left(\frac{h}{2} - 0.4x\right) + C_s{}'\left(\frac{h}{2} - d'\right) + T_s\left(d - \frac{h}{2}\right) \\ &= 860880 \times (400 - 0.4 \times 84.4) + 2139750 \times (400 - 50) \\ &\quad + 3000000 \times (750 - 400) \\ &\fallingdotseq 2114.2\,(\mathrm{kN \cdot m}) \end{aligned}$$

なお，引張鉄筋周りで考えても，同じ答えが得られる．

$$\begin{aligned} M_u &= C_c{}'(d - 0.4x) + C_s{}'(d - d') \\ &= 860880 \times (750 - 0.4 \times 84.4) + 2139750 \times (750 - 50) \\ &\fallingdotseq 2114.2\,(\mathrm{kN \cdot m}) \end{aligned}$$

(2) 図心に曲げと軸力を作用させて，釣合破壊させた．釣合破壊時の中立軸位置は一義的に求めることができる．

$$\varepsilon_s = \varepsilon_y = \frac{d - x}{x}\varepsilon_{cu}{}' \to x = \frac{\varepsilon_{cu}{}'}{\varepsilon_{cu}{}' + \varepsilon_y}d = \frac{0.0035 \times 750}{0.0035 + 0.002} \fallingdotseq 477.3\,(\mathrm{mm})$$

$$\varepsilon_s{}' = \frac{x - d'}{x}\varepsilon_{cu}{}' = \frac{477.3 - 50}{477.3} \times 0.0035 \fallingdotseq 0.003133 > \varepsilon_y$$

となり，圧縮鉄筋は圧縮で降伏．

各抵抗力を求める．

$$C_c{}' = 0.68 f_c{}' bx = 0.68 \times 30 \times 500 \times 477.3 = 4868460\,(\mathrm{N})$$
$$C_s{}' = 3000000\,(\mathrm{N})$$

引張鉄筋は引張で降伏している．

$$N_u{}' = C_c{}' + C_s{}' - T_s = 4868460 \fallingdotseq 4868.5\,(\mathrm{kN})$$

$$M_u = C_c{}'\left(\frac{h}{2} - 0.4x\right) + C_s{}'\left(\frac{h}{2} - d'\right) + T_s\left(d - \frac{h}{2}\right)$$
$$= 4868460 \times (400 - 0.4 \times 477.3) + 3000000 \times (400 - 50)$$
$$+ 3000000 \times (750 - 400)$$
$$\fallingdotseq 3117.9\,(\mathrm{kN \cdot m})$$

(3)　(2) の M_u と $N_u{}'$ の比が釣合破壊時の偏心距離 e_b である．

$$e_b = \frac{M_u}{N_u{}'} = \frac{3117.9}{4868.5} \fallingdotseq 0.64\,(\mathrm{m})$$

(4)　$e = 0.2\,\mathrm{m}$ は e_b より小さいので，破壊時に引張鉄筋は降伏しない．したがって，破壊モードは**曲げ圧縮破壊**となる．

[**2**]　(1)　この場合の中立軸位置を求める．コンクリートの圧縮合力 C' は，

$$C' = \frac{1}{2}\sigma_c{}'bx = \frac{1}{2}E_c\varepsilon_c{}'bx$$

引張鉄筋の引張力 T は，

$$T = A_sE_s\varepsilon_s = A_sE_s\frac{d-x}{x}\varepsilon_c{}'$$

力の釣合条件を用いて，x を求めると，

$$x = \frac{nA_s}{b}\left(-1 + \sqrt{1 + \frac{2bd}{nA_s}}\right)$$
$$= \frac{8 \times 400}{100} \times \left(-1 + \sqrt{1 + \frac{2 \times 100 \times 200}{8 \times 400}}\right)$$
$$\fallingdotseq 85.6\,(\mathrm{mm})$$

引張鉄筋の応力は，

$$\frac{1}{2}Pa = A_s\sigma_s\left(d - \frac{x}{3}\right)$$
$$\therefore \quad \sigma_s = \frac{Pa}{2A_s\left(d - \frac{x}{3}\right)} = \frac{50000 \times 800}{2 \times 400 \times \left(200 - \frac{85.6}{3}\right)}$$
$$\fallingdotseq 291.6\,(\mathrm{N/mm^2})$$

したがって，鉄筋の平均ひずみ ε_s は 0.001458.

(2)　図 9.11 より，鉄筋のかぶりは $c = 40\,\mathrm{mm}$．したがって，与えられた式より，ひび割れ間隔は，

$$l = 5.4c = 5.4 \times 40 = 216\,(\mathrm{mm})$$

(3)　ひび割れ幅 w は，近似的に，

$$w \fallingdotseq l\varepsilon_s = 216 \times 0.001458 \fallingdotseq 0.315\,(\mathrm{mm})$$

(4)　ひび割れ幅の限界値は

$$w_a = 0.005c = 0.005 \times 40 = 0.2\,(\mathrm{mm})$$

発生するひび割れ幅が，ひび割れ幅の限界値を上回っているので，使用性を満足していない．

[3]　(1)　仮想の切断面と交差するスターラップを n 組とすると，

$$n = \frac{z \cot\theta}{s}$$

スターラップ 1 組あたりの引張力は $A_w\sigma_w$ と評価できることから，

$$V_s = A_w\sigma_w\frac{z \cot\theta}{s}$$

(2)　$\theta = 45^\circ$ のときは，$\cot\theta = 1$ であるので，

$$V_s = A_w\sigma_w\frac{z}{s}$$

(3)　$\theta = 35^\circ$ のときは，$\cot 35 \fallingdotseq 1.428$ であるので，V_s は 1.428 倍となる．

[4]　A 点は破壊時に $\varepsilon_s = 0$．したがって，破壊時の中立軸位置は $x = d$ となる．圧縮鉄筋のひずみは，

$$\varepsilon_s{}' = \frac{x - d'}{x}\varepsilon_{cu}{}' = \frac{450 - 50}{450} \times 0.0035 \fallingdotseq 0.00311 > \varepsilon_y = 0.002$$

となって，降伏している．各抵抗力は，

$$C_c{}' = 0.68 f_c{}' bx = 0.68 \times 40 \times 300 \times 450 = 3672\,(\mathrm{kN})$$

$$C_s{}' = A_s{}' f_y = 3000 \times 400 = 1200\,(\mathrm{kN})$$

$$T_s = 0$$

$$\therefore \quad N_u{}' = C_c{}' + C_s{}' - T_s = 3672 + 1200 = 4872\,(\mathrm{kN})$$

$$\begin{aligned}\therefore \quad M_u &= C_c{}'\left(\frac{h}{2} - 0.4x\right) + C_s{}'\left(\frac{h}{2} - d'\right) + T_s\left(d - \frac{h}{2}\right)\\ &= 3672 \times (0.250 - 0.4 \times 0.450) + 1200 \times (0.250 - 0.050)\\ &\fallingdotseq 497.0\,(\mathrm{kN \cdot m})\end{aligned}$$

B 点は破壊時に $\varepsilon_s = \varepsilon_y$，すなわち釣合破壊．このときは，

$$x = \frac{\varepsilon_{cu}{}'}{\varepsilon_{cu}{}' + \varepsilon_y} d = \frac{0.0035 \times 450}{0.0035 + 0.002} \fallingdotseq 286.4\,(\mathrm{mm})$$

圧縮鉄筋のひずみは，

$$\varepsilon_s{}' = \frac{x - d'}{x}\varepsilon_{cu}{}' = \frac{286.4 - 50}{286.4} \times 0.0035 \fallingdotseq 0.00289 > \varepsilon_y$$

となって，降伏している．各抵抗力は，

$$\begin{aligned}C_c{}' &= 0.68 f_c{}' bx = 0.68 \times 40 \times 300 \times 286.4 \fallingdotseq 2337\,(\mathrm{kN})\\ C_s{}' &= A_s{}' f_y = 3000 \times 400 = 1200\,(\mathrm{kN})\\ T_s &= 1200\,(\mathrm{kN})\end{aligned}$$

$$\therefore \quad N_u{}' = C_c{}' + C_s{}' - T_s = 2337 + 1200 - 1200 = 2337\,(\mathrm{kN})$$

$$\begin{aligned}\therefore \quad M_u &= C_c{}'\left(\frac{h}{2} - 0.4x\right) + C_s{}'\left(\frac{h}{2} - d'\right) + T_s\left(d - \frac{h}{2}\right)\\ &= 2337(0.250 - 0.4 \times 0.2864) + 1200(0.250 - 0.050)\\ &\quad + 1200(0.450 - 0.250)\\ &\fallingdotseq 796.5\,(\mathrm{kN \cdot m})\end{aligned}$$

C 点は $N_u{}' = 0$ であり，純曲げの問題である．破壊時に引張鉄筋は降伏し，圧縮鉄筋は弾性体と仮定する．中立軸位置を x とすると各抵抗力は，

$$\begin{aligned}C_c{}' &= 0.68 f_c{}' bx = 0.68 \times 40 \times 300 \times x = 8160x\\ C_s{}' &= A_s{}' E_s \varepsilon_s{}' = A_s{}' E_s \frac{x - d'}{x}\varepsilon_{cu}{}'\\ &= 3000 \times 200000 \times 0.0035 \times \frac{x - 50}{x} = 2100000 \times \frac{x - 50}{x}\end{aligned}$$

$$T_s = A_s f_y = 1200000\,(\mathrm{N})$$

$$C_c{}' + C_s{}' - T_s = 8160x + 2100000 \times \frac{x-50}{x} - 1200000 = 0$$

$$8.16x^2 + 2100\,(x-50) - 1200x = 0$$

$$\therefore \quad x = \frac{-900 + \sqrt{900^2 + 4 \times 8.16 \times 105000}}{2 \times 8.16} \fallingdotseq 71.0\,(\mathrm{mm})$$

引張鉄筋のひずみは,

$$\varepsilon_s = \frac{d-x}{x}\varepsilon_{cu}{}' = \frac{450-71}{71} \times 0.0035 \fallingdotseq 0.01868 > \varepsilon_y$$

となって，降伏している．圧縮鉄筋のひずみは,

$$\varepsilon_s{}' = \frac{x-d'}{x}\varepsilon_{cu}{}' = \frac{71-50}{71} \times 0.0035 \fallingdotseq 0.0010352 < \varepsilon_y$$

となって，弾性状態．仮定は正しい．各抵抗力は,

$$C_c{}' = 0.68 f_c{}' bx = 0.68 \times 40 \times 300 \times 71 \fallingdotseq 579.4\,(\mathrm{kN})$$

$$C_s{}' = A_s{}' f_y = 3000 \times 200000 \times 0.0010352 \fallingdotseq 621.1\,(\mathrm{kN})$$

$$T_s = 1200\,(\mathrm{kN})$$

$$\therefore \quad N_u{}' = C_c{}' + C_s{}' - T_s = 579.4 + 621.1 - 1200 = 0.5 \fallingdotseq 0\,(\mathrm{kN})$$

$$\begin{aligned}\therefore \quad M_u &= C_c{}'\left(\frac{h}{2} - 0.4x\right) + C_s{}'\left(\frac{h}{2} - d'\right) + T_s\left(d - \frac{h}{2}\right) \\ &= 579.4 \times (0.250 - 0.4 \times 0.071) + 621.1 \times (0.250 - 0.050) \\ &\quad + 1200 \times (0.450 - 0.250) \\ &\fallingdotseq 492.6\,(\mathrm{kN \cdot m})\end{aligned}$$

索　　引

あ 行

か 行

さ 行

た 行

な 行

は 行

ま 行

や 行

ら 行

英数字

著者略歴

にわ　じゅんいちろう
二羽　淳一郎

1978 年　東京大学土木工学科卒業
1983 年　東京大学大学院土木工学専攻博士課程修了
1983 年　東京大学助手，東京大学講師
1986 年　山梨大学助教授
1989 年　名古屋大学助教授
1998 年　東京工業大学教授
2021 年　同・定年退職
現　在　東京工業大学（現 東京科学大学）名誉教授
　　　　工学博士

主要著書

「コンクリート構造」（共著，朝倉書店）

土木・環境工学＝EKO-12
コンクリート構造の基礎［改訂第２版］

2006 年 2 月 25 日©　初 版 発 行
2017 年 4 月 10 日　初版第 6 刷発行
2018 年 2 月 10 日©　第 2 版 発 行
2025 年 1 月 25 日　第 2 版 5 刷発行

著者　二羽淳一郎　　発行者　田 島 伸 彦
　　　　　　　　　　印刷者　小宮山恒敏

【発行】　株式会社　数理工学社
〒 151–0051　東京都渋谷区千駄ヶ谷 1 丁目 3 番 25 号
☎（03）5474–8661（代）　サイエンスビル

【発売】　株式会社　サイエンス社
〒 151–0051　東京都渋谷区千駄ヶ谷 1 丁目 3 番 25 号
☎（03）5474–8500（代）　振替 00170–7–2387

印刷・製本　小宮山印刷工業（株）

≪検印省略≫

サイエンス社・数理工学社の
ホームページのご案内
https://www.saiensu.co.jp
ご意見・ご要望は
suuri@saiensu.co.jp

ISBN978–4–86481–052–4

PRINTED IN JAPAN